全国建设行业职业教育任务引领型规划教材

钢筋平法识图与算量

（工程造价专业适用）

主　编　庞　玲
副主编　苏桂明
主　审　刘丽君

中国建筑工业出版社

图书在版编目（CIP）数据

钢筋平法识图与算量/庞玲主编. —北京：中国建
筑工业出版社，2016.4（2023.1 重印）
全国建设行业职业教育任务引领型规划教材（工程
造价专业适用）
ISBN 978-7-112-19183-3

Ⅰ. ①钢… Ⅱ. ①庞… Ⅲ. ①钢筋混凝土结构-
建筑构图-识别-职业教育-教材②钢筋混凝土结构-结构
计算-职业教育-教材 Ⅳ. ①TU375②TU375.01

中国版本图书馆 CIP 数据核字（2016）第 036566 号

本书是根据 16G101 系列图集编写的实训教材。本书通过识读训练介绍了梁、
柱、剪力墙、板、基础、楼梯的平法制图规则及构造要求，并配以梁、柱、板钢筋
计算的实例。本书具有图文并茂、注重实用、重点突出的特点。本书还附有 3 套钢
筋混凝土框架结构施工图纸。书中的实训任务以附录及 16G101 系列图集中的图纸
为实例展开。

本书既可作为中等职业学校工程造价专业、建筑工程施工专业的实训教材，也
可供造价人员及工程技术人员参考使用。

* * *

责任编辑：朱首明 聂 伟
责任设计：董建平
责任校对：陈晶晶 关 健

全国建设行业职业教育任务引领型规划教材
钢筋平法识图与算量
（工程造价专业适用）
主 编 庞 玲
副主编 苏桂明
主 审 刘丽君

*

中国建筑工业出版社出版、发行（北京西郊百万庄）
各地新华书店、建筑书店经销
霸州市顺浩图文科技发展有限公司制版
北京圣夫亚美印刷有限公司印刷

*

开本：787×1092 毫米 横 1/8 印张：13 字数：313 千字
2016 年 5 月第一版 2023 年 1 月第六次印刷
定价：**29.00** 元
ISBN 978-7-112-19183-3
（28457）

前 言

本书根据 2016 年 9 月颁布的《混凝土结构施工图平面整体表示方法制图规则和构造详图》
16G101 系列图集编写。

本书在介绍梁、柱、剪力墙、板、基础、楼梯的基础知识时，突出各构件钢筋计算的实际操作，
并配以梁、柱、板钢筋计算的工程实例。在内容上以项目设置教学情境进行能力训练，每个情境均有
详细的教学设计。本书满足中等职业教育工程造价专业、建筑工程施工专业培养学生工程造价职业能
力的要求。本书附录包括 3 套钢筋混凝土框架结构施工图纸，其中附录 1 为某小学教学楼建结施图、
结施图，附录 2 为某住宅楼建筑图、结施图，附录 3 为某办公楼建施图、结施图。本书中的实训任务
以附录及 16G101 系列图集中的图纸为实例，可达到强化知识点、巩固实训技能的目的。

本书由广西城市建设学校的庞玲、苏桂明、刘丽君、蒙萱、谢艳华、廖恒编写。其中庞玲任主
编，苏桂明任副主编，刘丽君任主审。

由于编者水平有限，本书难免存在错误与不足之处，敬请读者批评指正。

目　录

项目 1 平法识图与钢筋计算基础知识

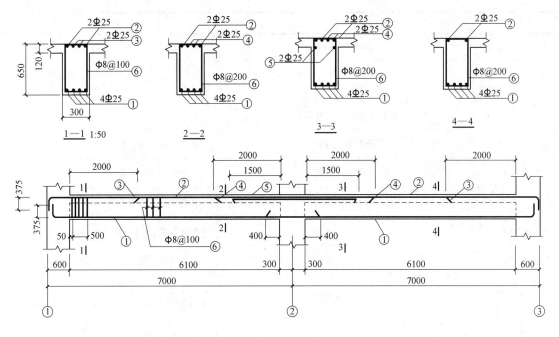

图 1-1 传统梁结构施工图

项目要求:

1. 了解平法的概念及特点。
2. 了解平法的现状及学习平法的方法。
3. 掌握钢筋的分类及钢筋工程量计算的一般原则。

项目重点: 平法概念及特点;钢筋工程量计算原则。

建议学时: 2 课时。

建议教学形式: 配套使用 16G101-1 图集,讲授法、提问法相结合。

任务 1.1 平法基础知识

1. 平法的概念

平法是混凝土结构施工图平面整体表示方法,即将构件的结构尺寸、标高、构造、配筋等信息,按照平面整体表示方法的制图规则,直接标示在各类构件的结构平面布置图上,再与标准构造图相配合,构成一套完整、简洁、明了的结构施工图。

混凝土结构施工图平面整体表示方法是 1995 年由山东大学陈青来教授提出和创编的,并通过了建设部科技成果鉴定,被国家科委列为"九五"国家级科技成果重点推广计划项目,也是国家重点推广的科技成果。由中国建筑标准设计研究院编制的《混凝土结构施工图平面整体表示方法制图规则与构造详图》系列图集(即 G101 平法图集)是国家建设标准设计图集。平法自 2003 年开始在全国推广应用于结构设计、施工、监理等各个领域。

2. 平法的发展历程与特点

(1) 平法的发展历程

我国的建筑结构施工图设计经历了三个时期:第一个时期是新中国成立初期至 20 世纪 90 年代末的详图法(又称配筋图);第二个时期是 20 世纪 80 年代初期至 90 年代初在我国东南沿海开放城市应用的梁表法;第三个时期就是从 20 世纪 90 年代至今普及的平法。

传统梁结构施工图和平法施工图的对比如图 1-1、图 1-2 所示。

(2) 平法的特点

1) 平法采用标准化的设计制图规则,表达数字化、符号化,单张图纸的信息量大且集中。

2) 构件分类明确、层次清晰、表达准确,设计速度快,效率成倍提高。

3) 平法使设计者易掌握全局,易进行平衡调整,易修改,易校审,改图可不牵连其他构件,易控制设计质量。

4) 平法可大幅度降低设计成本,与传统方法相比图纸量减少 70% 左右,综合设计工日减少三

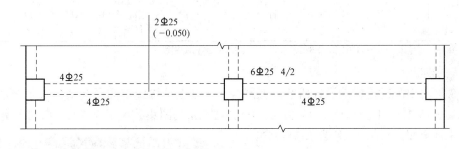

图 1-2 平法梁结构施工图

分之二以上。

5) 平法施工图便于施工管理,传统施工图在施工中逐层验收梁、板等构件的钢筋时需反复查阅大量图纸,现在一张图就包括了梁、板等构件的全部数据。

3. 平法图集的发行状况和平法现状

(1) G101 平法图集发行状况

G101 平法图集发行状况,见表 1-1。

G101 平法图集发行状况　　　　　　　　　　表 1-1

年份	大事记	说明
1995 年 7 月	平法通过了建设部科技成果鉴定	
1996 年 6 月	平法列为建设部一九九六年科技成果重点推广项目	
1996 年 9 月	平法被批准为《国家级科技成果重点推广计划》	

年份	大事记	说明
1996 年 11 月	96G101 发行	
2000 年 7 月	96G101 修订为 00G101	96G101、00G101、03G101-1 论述的均是梁、柱、墙构件
2003 年 1 月	00G101 依据国家 2000 系列混凝土结构新规范修订为 03G101-1	
2003 年 7 月	03G101-2 发行	板式楼梯平法图集
2004 年 2 月	04G101-3 发行	筏形基础平法图集
2004 年 11 月	04G101-4 发行	楼面板及屋面板平法图集
2006 年 9 月	06G101-6 发行	独立基础、条形基础、桩基承台平法图集
2009 年 1 月	08G101-5 发行	箱形基础及地下室平法图集
2011 年 7 月	11G101-1 发行	混凝土结构施工图平面整体表示方法制图规则和构造详图（现浇混凝土框架、剪力墙、梁、板）
2011 年 7 月	11G101-2 发行	混凝土结构施工图平面整体表示方法制图规则和构造详图（现浇混凝土板式楼梯）
2011 年 7 月	11G101-3 发行	混凝土结构施工图平面整体表示方法制图规则和构造详图（独立基础、条形基础、筏形基础及桩基承台）

注：2016 年 9 月，16G101-1、16G101-2、16G101-3 发布，11G101 系列图集废止。

（2）平法的现状

2016 年 9 月由中国建筑标准设计研究院编制的《混凝土结构施工图平面整体表示方法制图规则和构造详图》16G101-1（图 1-3）、16G101-2、16G101-3 系列图集替代了 11G101 系列图集。

2016 年 9 月全面执行的 16G101 图集包含：

16G101-1《混凝土结构施工图平面整体表示方法制图规则和构造详图（现浇混凝土框架、剪力墙、梁、板）》（替代 11G101-1）。

16G101-2《混凝土结构施工图平面整体表示方法制图规则和构造详图（现浇混凝土板式楼梯）》（替代 11G101-2）。

16G101-3《混凝土结构施工图平面整体表示方法制图规则和构造详图（独立基础、条形基础、筏形基础及桩基承台）》（替代 11G101-3）。

4. 平法结构施工图的表达方式

平法图集包括两部分：

第一部分：制图规则。制图规则是设计人员绘制平法施工图的制图依据，也是施工、造价人员识读平法施工图的语言。

第二部分：构造详图。构造详图是构件标准的构造做法，也是钢筋工程量计算的规则。

图 1-3　11G101-1 图集封面

平法施工图的表达方式主要有平面注写方式、列表注写方式和截面注写方式三种。其一般原则是以平面注写方式为主，列表注写方式与截面注写方式为辅，可由设计者根据具体工程情况进行选择。

平法的各种表达方式，基本遵循同一性的注写顺序，即：

（1）构件的编号及整体特征。

（2）构件的截面尺寸。

（3）构件的配筋信息。

（4）构件标高等其他必要的说明。

5. 如何学好平法

平法是中等职业学校、工程造价、建筑工程施工等专业的学生必须重点学习的专业知识。不掌握平法就不能够完整地看懂结构施工图，不能根据结构施工图进行施工或预算，所以学好平法很重要。

平法的学习方法可以归纳为系统梳理、要点记忆和重点比较。

（1）系统梳理

平法知识是一个系统体系，该体系由柱、墙、梁、板、楼梯、基础等几大构件组成，这些构件之间有明显的关联性和相对独立性。关联性是指：基础是柱和墙的支座，柱和墙是梁的支座，梁是板的支座；柱钢筋贯通，梁进柱（锚固）；梁钢筋贯通，板进梁（锚固）；基础梁主梁钢筋全部贯通，基础梁必须保持柱位置钢筋的连通。相对独立性是指在平法结构施工图中，构件自成体系，无其他构件设计内容。框架结构各构件关系如图 1-4 所示。

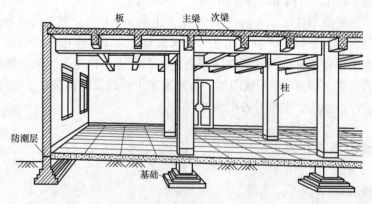

图 1-4　框架结构各构件关系示意

（2）要点记忆

在学习平法的过程中，有些基本知识是需要记忆的，如：结构施工图中有关构件的识别符号，每个符号代表一种类型的构件，如 KZ 代表框架柱，KL 代表框架梁，Q 代表剪力墙，WB 代表屋面板等。同时要掌握一些基本表达式的意思，如：$\max(H_n/6, h_c, 500)$ 表示取值为 $H_n/6$，h_c，500 的最大值。还有类似于箍筋加密区的长度，在抗震等级一级时，框架梁 KL 的加密区长度是 $\max(2h_b, 500)$，而抗震等级为二～四级时，框架梁 KL 的加密区长度是 $\max(1.5h_b, 500)$，类似的一些要点，都是平法识图的基本要点知识，需要记忆。

（3）重点比较

同类构件中，抗震与非抗震、楼层与屋面、端部支座与中间支座的节点都可以重点比较，比如：

抗震框架柱 KZ 与非抗震框架柱 KZ 箍筋加密区范围可以进行对比,如图1-5、图1-6 所示。

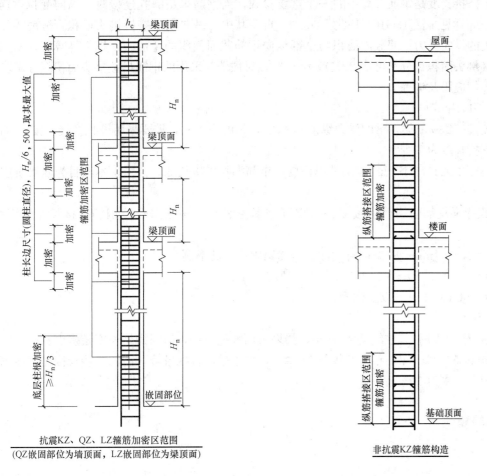

抗震KZ、QZ、LZ箍筋加密区范围
(QZ嵌固部位为墙顶面,LZ嵌固部位为梁顶面)

图1-5 抗震 KZ 箍筋加密区范围　　　　图1-6 非抗震 KZ 箍筋加密区范围

学习平法需要理论联系工程实际,化死记硬背为理解记忆,循序渐进地深入学习。

任务 1.2　钢筋计算的基础知识

1. 钢筋工程量计算意义

在工程造价的计算中,钢筋用量的计算是最繁琐,钢筋用量计算正确与否对工程造价的影响也最大。预算员在"套定额"时,都是将钢筋重量作为钢筋工程量的。

钢筋计算的过程是:从结构平面图的钢筋标注出发,根据结构的特点和钢筋所在的部位,计算钢筋的长度和根数,最后得到钢筋的重量。

关于钢筋长度,计算时分为预算长度和下料长度。下料长度为钢筋工或者钢筋下料人员所需要的钢筋长度。对于单根钢筋来说,预算长度和下料长度是不同的,预算长度是按照钢筋的外皮计算,下料长度要考虑钢筋制作时的弯曲伸长率,因此是按照钢筋的中轴线计算,例如1根预算长度为1m的钢筋,其下料长度是小于1m的,因为钢筋在弯曲的过程中会变长,如果按照1m下料,肯定会长一些。本书仅学习讨论预算长度的计算,对钢筋下料长度计算不做详细介绍。

2. 钢筋符号及标注

(1) 钢筋符号

《混凝土结构工程施工质量验收规范》GB 50204—2015 及 11G101 图集中将钢筋分为 HPB300、HRB335、HRB400、HRB500 四种级别。在结构施工图中,为了区别每一种钢筋的级别,每一个等级用一个符号来表示,如 HPB300 用Φ表示,HRB335 用Φ表示,HRB400 用Φ表示,HRB500 用Φ表示。

(2) 钢筋标注

1) 标注钢筋的根数、直径和等级,如 4Φ22:表示 4 根、HRB335 级钢筋、直径为 22mm。

2) 标注钢筋的等级、直径和相邻钢筋中心距,如Φ8@150:表示 HPB300 级钢筋,直径为 8mm,相邻钢筋中心距为 150mm。

3. 钢筋的混凝土保护层最小厚度

为了保护钢筋在混凝土内部不被侵蚀,并保证钢筋与混凝土之间的粘结力,钢筋混凝土构件都必须设置保护层。混凝土保护层厚度指最外层钢筋外边缘至混凝土表面的距离。

影响保护层厚度的四大因素是:环境类别、构件类型、混凝土强度等级、结构设计年限。

环境类别的确定详见 16G101-1 第 56 页的混凝土结构的环境类别。

不同环境类别混凝土保护层的最小厚度取值详见 16G101-1 第 56 页的混凝土保护层的最小厚度。

案例应用及训练

(1) 案例

在室内干燥环境下,C20 钢筋混凝土梁,最小混凝土保护层厚度为多少?

① 由 16G101-1 第 56 页的混凝土结构的环境类别可知,室内干燥环境为"一类环境类别",混凝土保护层的最小厚度,对应的梁混凝土保护层厚度为 20mm。

② 根据 16G101-1 第 56 页的混凝土保护层的最小厚度的注 4:混凝土强度等级不大于 C25 时,表中保护层厚度数值应增加 5mm。

③ 因此,本题条件下,最小混凝土保护层厚度为 25mm。

(2) 训练

识读附录 3 的 J-01,该项目梁、板、柱、基础的混凝土保护层厚度分别是多少?

(3) 总结

一般情况下,混凝土保护层厚度在结构设计总说明中介绍。如果图纸没有具体明确钢筋混凝土构件的保护层厚度,在计算钢筋时,可按以下厚度来估算:基础 40mm,板 15mm,梁 25mm,柱 30mm。

4. 钢筋锚固值

为了使钢筋和混凝土共同受力,钢筋不被从混凝土中拔出来,除了要在钢筋的末端弯钩外,还需把钢筋伸入支座处,其伸入支座的长度除了满足设计要求外,还要不小于钢筋的锚固长度。详见 16G101-1 第 57、58 页的受拉钢筋的基本锚固长度 l_{ab}、l_{abE},受拉钢筋锚固长度 l_a、抗震锚固长

度 l_{aE}。

案例应用及训练

(1) 案例应用

二级抗震，C30 的梁，受力纵筋为 4Φ28，按 11G101-1 计算，请问该梁钢筋的锚固长度是多少？

① 查表：由 11G101-1 第 53 页的受拉钢筋基本锚固长度 l_{ab}、l_{abE} 得，HRB335，二级抗震、C30 对应的基本锚固长度为：$l_{abE}=33d=33\times28=924$mm。

② 根据受拉钢筋锚固长度 l_a、抗震锚固长度 l_{aE}：$l_{aE}=\xi_{aE}\cdot l_a=\xi_{aE}\cdot(\xi_a\cdot l_{abE})$。

式中：ξ_{aE} 为抗震锚固长度修正系数，对一、二级抗震等级取 1.15，对三级抗震等级取 1.05，对四级抗震等级取 1.00，本题取 1.15；ξ_a 为修正系数，当带肋钢筋的公称直径大于 25 时，$\xi_a=1.10$。

③ 因此，梁钢筋的锚固长度 $l_{aE}=\xi_{aE}\cdot(\xi_a\cdot l_{abE})=1.15\times1.10\times924=1063.7$mm。

按平法 16G101-1 计算以上案例。

(2) 训练

① 四级抗震，C30 柱，柱角筋为 4Φ25，b 边一侧、h 边一侧中部筋均为 3Φ22，请问锚固长度是多少？

② 三级抗震，C25 板，板底受力筋为 Φ12@100，请问钢筋锚固长度是多少？

③ 一级抗震，C35 梁，梁下部纵筋为 4Φ28，请问钢筋锚固长度是多少？

④ 非抗震，C25 柱，柱纵筋为 6Φ20，请问钢筋锚固长度是多少？

5. 钢筋的连接

在施工过程中，当构件的钢筋不够长时（钢筋出厂长度有 8、9、12m，一般是 9m），需要对钢筋进行连接。钢筋的主要连接方式有三种：绑扎搭接（图 1-7）、机械连接（图 1-8）和焊接（图 1-9）。对钢筋连接接头范围和接头加工质量的规定详见平法 16G101-1 的第 59 页，具体为：

① 当受拉钢筋直径大于 25mm 及受压钢筋直径大于 28mm 时，不宜采用绑扎搭接。

② 轴心受拉及小偏心受拉构件中纵向受力钢筋不应采用绑扎搭接。

③ 纵向受力钢筋连接位置宜避开梁端、柱端箍筋加密区。如必须在此连接时，应采用机械连接或焊接。

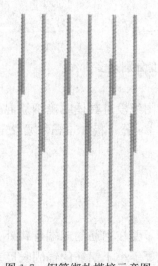  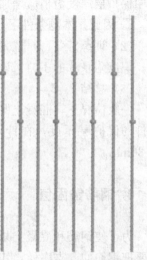

图 1-7　钢筋绑扎搭接示意图　　图 1-8　钢筋机械连接示意图　　图 1-9　钢筋焊接示意图

(1) 搭接长度

钢筋的搭接长度是钢筋计算中的一个重要参数，当钢筋采用绑扎连接时，纵向受拉钢筋绑扎搭接长度 l_l、l_{lE} 详见平法 16G101-1 的第 60、61 页。其中：纵向钢筋搭接接头面积百分率为该区段内有连接接头的纵向受力钢筋截面面积与全部纵向钢筋截面面积的比值。在钢筋计算时，对梁，采用的钢筋搭接接头面积百分率可取 25% 或者 50%；对柱子，采用的钢筋搭接接头面积百分率取 50%。

(2) 案例应用及训练

1) 案例应用

二级抗震，C30 的梁，梁的受力纵筋为 4Φ28，长度为 15m，需要采用绑扎搭接，按 11G101-1 计算，请问搭接长度为多少？

① 查表：由 11G101-1 第 55 页的纵向受拉钢筋绑扎搭接长度 l_l、l_{lE}，本项为四级抗震，$l_{lE}=\xi_l\cdot l_{aE}$。

② 假设纵向钢筋的钢筋搭接接头面积百分率为 25%，查纵向受拉钢筋搭接长度修正系数得，$\xi_l=1.2$。

③ $l_{aE}=1063.7$mm（数据取自"四、钢筋锚固值"的案例）

④ 因此，$l_{lE}=\xi_l\cdot l_{aE}=1.2\times1063.7=1276.44$mm。

按平法 16G101-1 计算以上案例。

2) 训练

① 非抗震，C25 柱，柱纵筋为 6Φ20，如果采用绑扎搭接，请问搭接长度是多少？

② 三级抗震，C25 梁，梁通长纵筋为 4Φ22，如果采用绑扎搭接，请问搭接长度是多少（假设钢筋接头面积百分率为 50%）？

6. 钢筋重量

在钢筋工程量的计算中，钢筋工程量最终是以重量（吨）表示的，但在计算中，一般先根据施工图算出各构件中的钢筋长度，换算成千克数，汇总后，再换算成吨。

$$钢筋每米重量(kg/m)=0.00617d^2$$

式中　d——钢筋直径（mm）。

$$钢筋工程量(t)=(\sum 钢筋各规格长\times各规格每米重量)/1000$$

[训练提高]

1. 平法施工图与传统施工图相比，主要有哪些特点？

2. 为什么要计算钢筋工程量？

3. 钢筋预算长度与下料长度的计算有什么不同？

4. 钢筋工程量计算的基本思路是什么？

项目2 梁平法识图与钢筋计算

项目要求：

1. 熟悉梁的平法识图。
2. 掌握梁施工图的制图规则和标注方式。
3. 掌握梁各种钢筋的布置，并能理解记忆相应的钢筋计算公式。
4. 具备梁的平法识图和钢筋计算实操能力。

项目重点：梁的平面注写方式和截面注写方式；梁各种钢筋的布置和构造；梁各种钢筋的计算公式；梁的平法识图和钢筋计算实操。

建议学时：32课时。

建议教学形式：配套使用16G101-1图集，讲授法、提问法、讨论法和实训法相结合。

任务2.1 梁平法制图规则

1. 梁平法施工图的注写方式

梁平法施工图包括平面注写方式和截面注写方式两种。

在梁平法施工图中，应注明各结构层的顶面标高及相应的结构层号。识读图2-1的图名与"结构层楼面标高"。

对于轴线未居中的梁，应标注其偏心定位尺寸（贴柱边的梁可不注）。识读图2-1的D轴KL1，根据定位尺寸的信息，KL1居中布置，没有偏心。

2. 梁的平面注写方式

（1）平面注写方式的概念

平面注写方式是在梁平面布置图上，分别在不同编号的梁中各选一根梁，通过在其上标注截面尺寸和配筋具体数值的方式来表达梁平法施工图。16G101-1第37页的梁平法施工图平面注写方式示例如图2-1所示。

平面注写包括集中标注和原位标注（图2-2），集中标注表达梁的通用数值，原位标注表达梁的特殊数值。当集中标注中的某项数值不适用于梁的某部位时，则将该项具体数值原位标注。施工时，原位标注取值优先。

（2）集中标注

集中标注表达梁的通用数值，包括梁编号、梁截面尺寸、梁箍筋、上部通长筋（或架立筋）、梁的侧面构造筋（或受扭钢筋）和标高六项，梁集中标注内容的前五项为必注值，最后一项为选注值。

1）梁编号

表2-1列出了各种类型梁的代号，同时给出了各种梁的特征。需要特别掌握关于是否带有悬挑

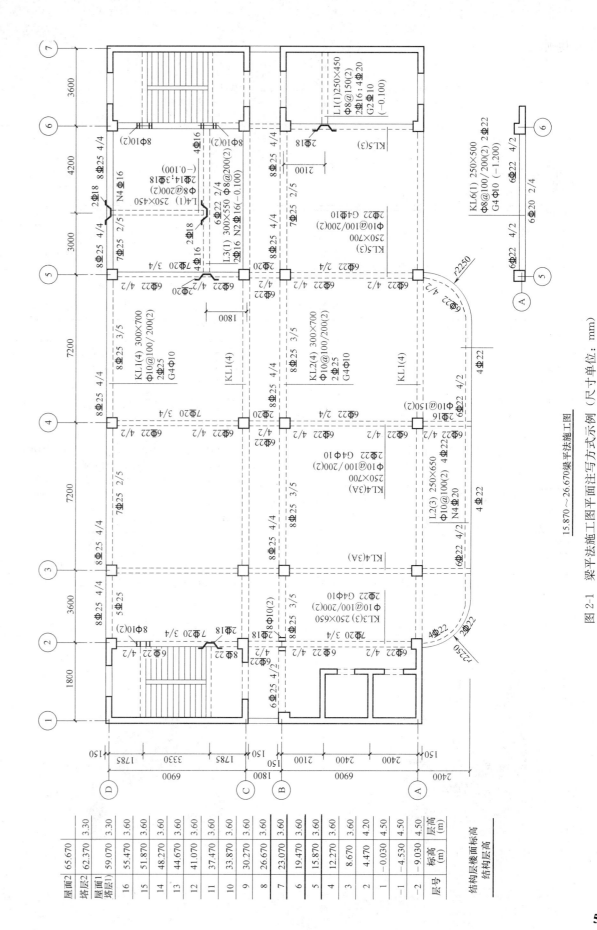

图2-1　梁平法施工图平面注写方式示例（尺寸单位：mm）

的标注规则。

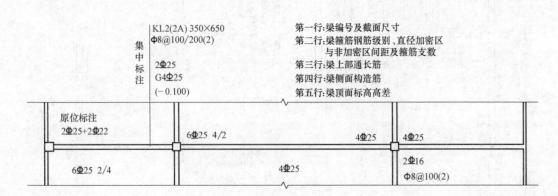

集中标注
KL2(2A) 350×650
Φ8@100/200(2)
2Φ25
G4Φ25
(−0.100)

第一行:梁编号及截面尺寸
第二行:梁箍筋钢筋级别、直径加密区
　　　 与非加密区间距及箍筋支数
第三行:梁上部通长筋
第四行:梁侧面构造筋
第五行:梁顶面标高高差

原位标注
2Φ25+2Φ22
6Φ25 4/2
4Φ25
4Φ25

6Φ25 2/4
4Φ25
2Φ16
Φ8@100(2)

图 2-2　梁平法标注示例

梁编号及类型　　　　　　　　　　　　　　　　　　　　　　　　表 2-1

梁类型	代号	序号	跨数及是否带有悬挑	特征
楼层框架梁	KL	××	(××)、(××A)或(××B)	框架梁就是由柱支撑的梁,用来承重的结构,由梁来承受荷载,并将荷载传递到柱子上;楼层框架梁一般是指非顶层的框架梁
屋面框架梁	WKL	××	(××)、(××A)或(××B)	一般是顶层的框架梁,按抗震等级分为一、二、三、四级抗震及非抗震
框支梁	KZL	××	(××)、(××A)或(××B)	框支剪力墙结构通过在某些楼层的剪力墙上开洞获得需要的大空间,上部楼层的部分剪力墙不能直接连续贯通落地,需设置结构转换构件,其中的转换梁就是框支梁
非框架梁	L	××	(××)、(××A)或(××B)	一般是以框架梁或框支梁为支座的梁,没有抗震等级要求,按非抗震等级构造要求配筋
悬挑梁	XL	××		一端有支座,一端悬空的梁称为悬挑梁
井字梁	JZL	××	(××)、(××A)或(××B)	由同一平面内相互正交或斜交的梁所组成的结构构件

注:(××A)为一端有悬挑,(××B)为两端有悬挑,悬挑不计入跨数。例:KL7(5A)表示第 7 号框架梁,5 跨,一端有悬挑;L9(7B)表示第 9 号非框架梁,7 跨,两端有悬挑。

各种梁的形态如图 2-3～图 2-6 所示。

图 2-3　框架梁分布示意图

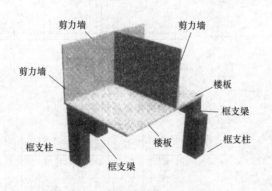

图 2-4　框支梁示意图

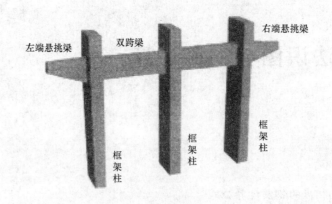

图 2-5　悬挑梁示意图

图 2-6　井字梁示意图

2)梁截面尺寸

① 当为等截面梁时,截面尺寸用 $b×h$ 表示,b 为梁宽,h 为梁高。

② 当有悬挑梁且根部和端部的高度不同时,用斜线分隔根部与端部的高度值,即为 $b×h_1/h_2$,如图 2-7 所示,其立体图如图 2-5 所示。

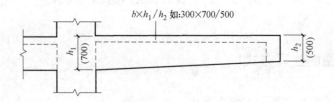

$b×h_1/h_2$ 如:300×700/500

图 2-7　悬挑梁不等高截面注写示意图

③ 当为竖向加腋梁时(图 2-8),截面尺寸用 $b×h$ Y $c_1×c_2$ 表示,其中 c_1 为腋长,c_2 为腋高。当为水平加腋梁时,一侧加腋时截面尺寸用 $b×h$ PY $c_1×c_2$ 表示,其中 c_1 为腋长,c_2 为腋宽。加腋梁截面注写方式如图 2-9 所示。

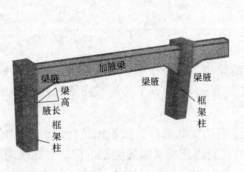

图 2-8　加腋梁示意图

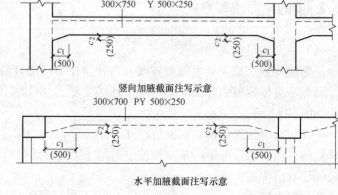

300×750　Y 500×250

竖向加腋截面注写示意

300×700 PY 500×250

水平加腋截面注写示意

图 2-9　加腋梁截面标注示例(尺寸单位:mm)

3)梁箍筋

梁箍筋构造如图 2-10 所示,梁箍筋标注包括钢筋级别、直径、加密区与非加密区间距及肢数。箍筋加密区与非加密区的不同间距及肢数用"/"分隔;当梁箍筋为同一间距及肢数时,则不用

"/"；当加密区与非加密区的箍筋肢数相同时，则将肢数标注1次；箍筋肢数写在括号内。

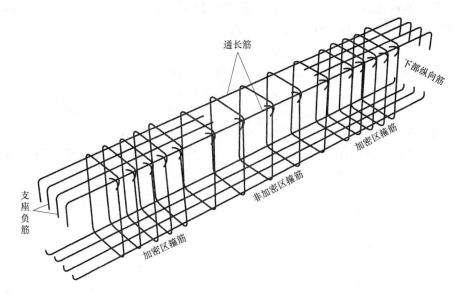

图 2-10　梁箍筋构造立体示意图

示例：

① Φ6@100/200（2）

表示：箍筋直径为 6mm，HPB300 级钢，加密区间距为 100mm，非加密区间距为 200mm，双肢箍。

② Φ8@100（4）/200（2）

表示：箍筋直径为 8mm，HPB300 级钢，加密区间距为 100mm，四肢箍；非加密区间距为 200mm，双肢箍。

③ 16Φ8@150（4）/200（2）

表示：箍筋直径为 8mm，HPB300 级钢，梁两端各有 16 根间距为 150mm 的四肢箍；梁中间部分为间距 200mm 的双肢箍。

此表示方法是用在非抗震结构中的各类梁或抗震结构中的非框架梁、悬挑梁、井字梁采用不同的箍筋间距及肢数时的表达方式。

4）梁上部通长筋或架立筋配置

通长筋是受力钢筋，主要用于抗震设计的框架结构的框架梁或设计人员认为需要设置通长钢筋的非框架结构的连续梁，通长钢筋可以是相同或不同直径采用搭接、机械连接或者焊接接长且两端一定在端支座锚固的钢筋。

架立筋是一种构造钢筋，是为解决箍筋的绑扎问题而设置的，在梁内起架立作用，用来固定箍筋和形成钢筋骨架，如图 2-11 所示。

① 当同排纵筋中既有通长筋又有架立筋时，用"＋"将通长筋和架立筋相连。标注时，将角部纵筋写在加号的前面，架立筋写在加号后面的括号内。

示例：2Φ20＋（2Φ12），表示 2Φ20 为通长筋，2Φ12 为架立筋。

② 当梁上部同排纵筋仅为架立筋时，仅将架立筋写在括号内即可。

示例：（2Φ14），表示架立筋为 2Φ14。

③ 当梁的上部纵筋和下部纵筋为全跨相同，且多数跨配筋相同时，此项可加注下部纵筋的配筋值，用"；"将上部与下部纵筋的配筋值分隔开来。

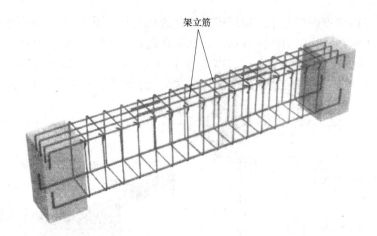

图 2-11　梁上部通长筋及架立筋构造立体示意图

示例：4Φ22；3Φ20，表示梁的上部通长筋为 4Φ22，梁的下部通长筋为 3Φ20。

5）梁侧面纵向构造钢筋或受扭钢筋配置

① 当梁腹板高度 $h_w \geqslant 450mm$ 时，需配置纵向构造钢筋，此项标注值以大写字母 G 打头，标注值是梁两个侧面的总配筋值，是对称配置的（图 2-12）。此项也称为腰筋，是构造上的最低配筋要求。

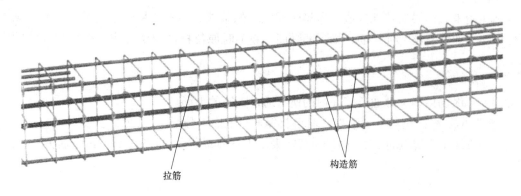

图 2-12　梁侧面纵向构造钢筋及拉筋立体示意图

示例：G4Φ12，表示梁的两个侧面共配置 4Φ12 的纵向构造钢筋，每侧各配置 2Φ12。

② 当梁侧面腰筋最低配置要求已经不能满足抗扭的需要，需配置受扭纵向钢筋，此项标注值以大写字母 N 打头，同时标注配置在梁的两个侧面的总配筋值，且对称配置。

示例：N4Φ16，表示梁的两个侧面共配置 4Φ16 的受扭筋，每侧各配置 2Φ16。

③ 当梁配置了侧面纵向构造钢筋或受扭钢筋，则需配置拉筋（图 2-12）。拉筋为构造钢筋，主要是为提高钢筋骨架的整体性，起拉结作用。

拉筋的规格和间距在施工图纸上不会给出，需要施工人员自己根据规则来确定，拉筋规则详见图集 11G101-1 的 P87，具体为：当梁宽≤350mm 时，拉筋直径为 6mm；梁宽＞350mm 时，拉筋直径为 8mm。拉筋间距为非加密区箍筋间距的两倍。当设有多排拉筋时，上下两排拉筋竖向错开设置。

示例：如图 2-13 所示，梁宽为 300mm，箍筋非加密区间距为 200mm，受扭筋为两侧各两排，按照拉筋布置规则，拉筋为Φ6@400，且上下两排拉筋竖向错开设置。

6）梁顶面标高高差

梁顶面标高高差指梁顶面相对于结构层楼面标高的高差值（图 2-14），有高差时，将其写入括号内。当梁的顶面高于所在结构层的楼面标高时，其标高高差为正值，反之为负值。

示例：如图 2-1 所示，KL6 的梁顶面标高高差标注为（-1.200），即表明该梁顶面标高分别相对于 5 层、6 层、7 层、8 层的楼面标高 15.870、19.470、23.070、26.670 低 1.2m。

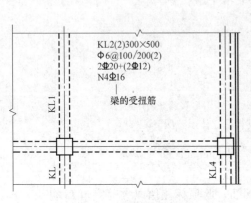

图 2-13 梁侧面受扭筋平法标注示例

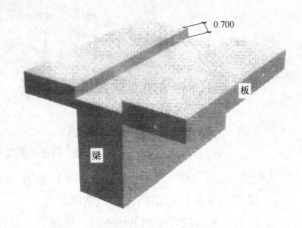

图 2-14 梁顶面标高高差示意图（尺寸单位：m）

（3）原位标注

原位标注用来表达梁的特殊数值，当集中标注中的某项数值不适用于梁的某部位时，则将该项数值原位标注。如梁支座上部纵筋、梁下部纵筋，施工时原位标注取值优先。梁原位标注的内容及规定如下：

1）梁支座上部纵筋

梁支座上部纵筋包含上部通长筋在内的所有通过支座的纵筋。

① 当上部纵筋多于一排时，用"/"将各排纵筋自上而下分开。

示例：梁支座上部纵筋标注为 6Φ25 4/2，表示上一排纵筋为 4Φ25，下一排纵筋为 2Φ25，如图 2-15 所示。

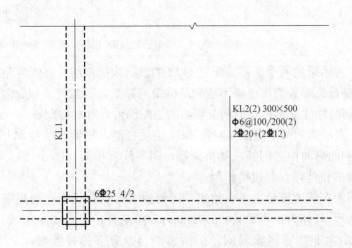

图 2-15 梁支座上部纵筋原位标注示例

② 当同排纵筋有两种直径时，用"+"将两种直径的纵筋相连，标注时将角部纵筋写在前面。

示例：梁支座上部纵筋标注为 4Φ25+2Φ20，表示梁支座上部有 6 根纵筋，4Φ25 放在角部，2Φ20

放在中部。

③ 当梁中间支座两边的上部纵筋不同时，须在支座两边分别标注；当梁中间支座两边的上部纵筋相同时，只用在支座的一边标注配筋值，另一边省去不注。

如图 2-1 所示：

②轴 KL3 的中间支座 C 轴左右两边的配筋值分别为：6Φ22 4/2；8Φ22 4/4。

D 轴 KL1 的中间支座②、③、④、⑤轴左右两边的配筋值均为：8Φ25 4/4。

2）梁下部纵筋

① 当梁下部纵筋多于一排时，用"/"将各排纵筋自上而下分开。

示例：梁下部纵筋标注为 6Φ25 2/4，则表示上一排纵筋为 2Φ25，下一排纵筋为 4Φ25，全部伸入支座，如图 2-16 所示。

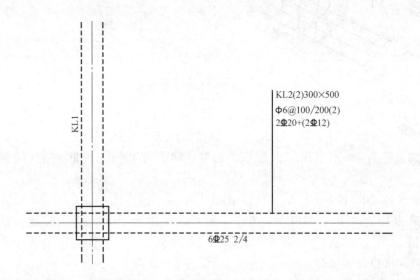

图 2-16 梁下部纵筋原位标注示例

② 当同排纵筋有两种直径时，用"+"将两种直径的纵筋相连，标注时将角部纵筋写在前面。

③ 当梁下部纵筋不全部伸入支座时，将梁支座下部纵筋减少的数量写在括号内。

示例：梁下部纵筋标注为 6Φ25 2（-2）/4，表示梁下部纵筋共两排，上排纵筋为 2Φ25，且不伸入支座；下排纵筋为 4Φ25，全部伸入支座。

示例：梁下部纵筋标注为：2Φ20+3Φ20（-3）/5Φ20，表示梁下部纵筋共两排，上排纵筋为 2Φ20 和 3Φ20，其中 3Φ20 不伸入支座；下排纵筋为 5Φ20，全部伸入支座。

④ 当梁的集中标注中已分别标注了梁的上部和下部均为通长的纵筋值时，则不用在梁下部重复做原位标注。

⑤ 当梁设置竖向加腋时，加腋部位下部斜纵筋应在支座下部以 Y 打头标注在括号内。当梁设置水平加腋时，水平加腋内，上、下部斜纵筋应在加腋支座上部以 Y 打头标注在括号内，上下部用"/"分隔，如图 2-17 所示（16G101-1 图集的第 30、31 页）。

3）其他事项

① 当梁上部集中标注的内容（即梁截面尺寸、箍筋、上部通长筋或架立筋、梁侧面纵向构造钢筋或受扭纵向钢筋，以及梁顶面标高高差中的某一项或几项数值）不适用于某跨或某悬挑部分时，则将其不同数值原位标注在该跨或该悬挑部位，施工时按原位标注数值取用。

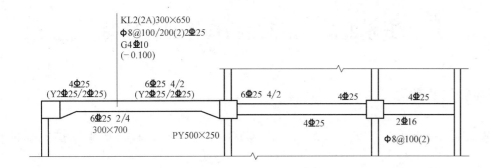

图 2-17　梁水平加腋平面标注示例

② 附加箍筋或吊筋，将其直接画在平面图中的主梁上，用线引注总配筋值。

识读图 2-1：

示例：B 轴 KL2，在 B 轴×②轴处，主次梁相交处标注 8Φ10（2），即配置附加箍筋为 8 根Φ10，2 肢箍，左右两侧各 4 根。

示例：D 轴 KL1，在⑤～⑥之间，主次梁相交处标注 2Φ18，即配置吊筋为 2 根Φ18。

吊筋立体示意图如图 2-18 所示。

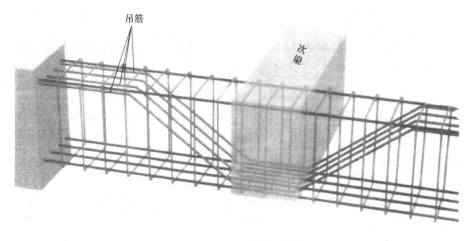

图 2-18　吊筋立体示意图

3. 梁的截面注写方式

（1）截面注写方式是指在分标准层绘制的梁平面布置图上，分别在不同编号的梁中各选择一根梁用剖面号引出配筋图，并在配筋图上用标注截面尺寸和配筋具体数值的方式来表达梁平法施工图，如图 2-19 所示。

（2）梁进行截面标注时，先将"单边截面号"画在该梁上，再将截面配筋详图画在本图和其他图上。当某梁的顶面标高与结构层的楼面标高不同时，应继其梁编号后注写梁顶面标高高差（标注规定与平面注写方式相同）。

（3）在截面配筋详图上注写截面尺寸 $b×h$、上部筋、下部筋、箍筋、侧面构造筋或受扭筋的具体数值时，其表达形式与平面注写方式相同。

（4）截面注写方式既可以单独使用，也可与平面注写方式结合使用。

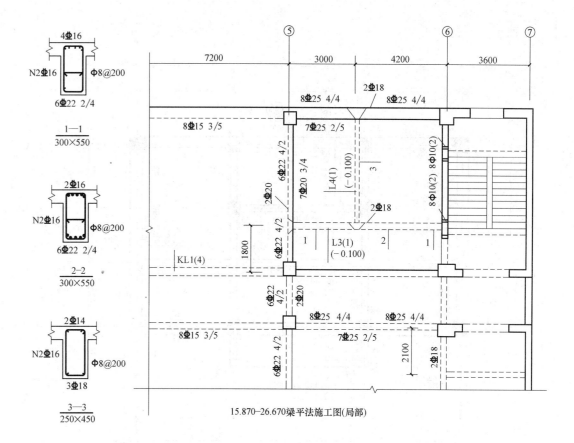

图 2-19　梁平法施工图截面注写方式示例（尺寸单位：mm）

任务 2.2　梁平法识图

识读附录 3 的 G-02 的 3.600m 框架梁配筋图中的 KL4（图 2-20）。

（1）识图顺序为：先依次识读集中标注的信息，然后识读原位标注的信息；识读原位信息时，可依照从上至下、从左至右的顺序识读。

（2）识图 KL4

1）集中标注：

第 4 号框架梁，2 跨，一端有悬挑；

截面尺寸 $b×h$ 为 250×500；

箍筋为 HPB300 级钢筋，直径为 8mm，加密区间距为 100mm，非加密区间距为 200mm，两肢箍；

上部通长筋为 2 根，HRB335 级钢筋，直径为 22mm。

2）原位标注：

上部纵筋：

A 轴左端（悬挑跨）：6 根，HRB335 级钢筋，直径为 22mm，共两排，上一排为 4Φ22，其中 2Φ22 为上部通长筋，2Φ22 为上部支座负筋；下一排为支座负筋 2Φ22；

A 轴右端：仍为 6Φ22 4/2，读法同上；

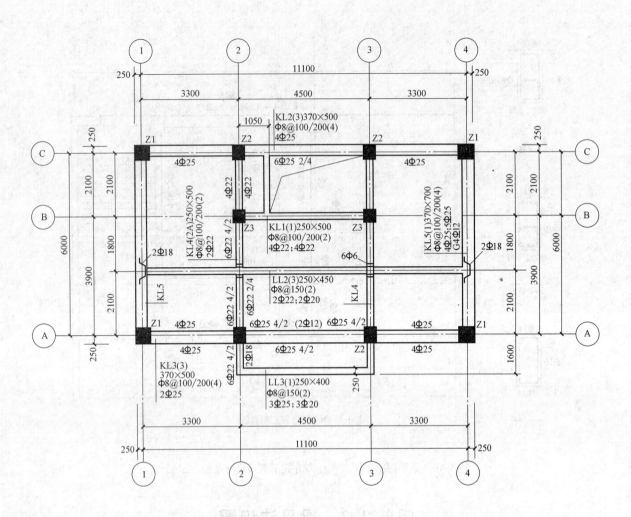

图 2-20 3.600m 框架梁配筋图

B 轴左端：仍为 6Φ22 4/2，读法同上；

B 轴右端：同 B 轴左端，读法同上；

BC 跨中及 C 轴左端：为 4 根，HRB335 级钢筋，直径为 22mm，其中 2Φ22 为上部通长筋，2Φ22 为上部支座负筋。

下部纵筋：

A 轴左跨（悬挑跨）：为 2 根，HRB335 级钢筋，直径为 18mm，全部伸入支座；

AB 跨：为 6 根，HRB335 级钢筋，直径为 22mm，共两排，上一排纵筋为 2Φ22，下一排纵筋为 4Φ22，全部伸入支座；

BC 跨：为 4 根，HRB335 级钢筋，直径为 22mm，全部伸入支座；

主次梁相交处，布置了附加箍筋：6 根，HPB300 级钢筋，直径为 6mm，在相交节点的左右两侧各 3 根。

[训练]

1. 识读图 2-20 中的 KL3。

2. 识读图 2-20 中的 KL5。

3. 识读图 2-20 中的 LL3。

任务 2.3 梁平法构造详图及绘图

1. 梁中钢筋的种类

从任务 2.1、任务 2.2 可以了解梁中各种钢筋的表示方法，现对梁中钢筋种类进行汇总，见表 2-2。

梁钢筋种类   表 2-2

部位	钢筋名称	备注
梁上部纵筋	上部通长筋	在集中标注中注写
	支座负筋	在原位标注中注写，注写在梁的上部
	架立筋	例：(2Φ12)，注写在括号内的为架立筋
梁中部钢筋	构造腰筋	例：G4Φ12，以 G 打头
	受扭腰筋	例：N4Φ12，以 N 打头
梁下部纵筋	下部通长筋	在集中标注中注写，在"；"后注写的钢筋，如 2Φ25；2Φ20，即上部通长筋为 2Φ25，下部通长筋为 2Φ20
	下部非通长筋	在原位标注中注写，注写在梁的下部
	不伸入支座的下部纵筋	在原位标注中注写，在括号内用减号注明根数，如 6Φ25 2(−2)/4
其他钢筋	箍筋	如：Φ8@100/200，在主次梁相交处有附加箍筋，如：6Φ6
	拉筋	设置了构造腰筋或受扭钢筋时，均需布置拉筋，在图上不表示
	吊筋	主次梁相交处布置，如：![吊筋]2Φ18

2. 梁平法构造详图的应用

（1）平法 16G101-1 图集第 84～98 页为梁平法构造详图，涉及的内容包括：抗震（非抗震）楼层框架梁纵向钢筋构造、屋面框架梁纵向钢筋构造、变截面梁钢筋构造；抗震（非抗震）框架梁箍筋加密区范围；非框架梁配筋构造；梁侧面纵向构造筋和拉筋的构造；附加箍筋范围；吊筋构造；不伸入支座的梁下部纵筋构造；悬挑梁钢筋构造等。

（2）以附录 3 的 G-03 的 7.200 框架梁配筋图的 KL7 为例（图 2-21），应用梁平法构造详图，绘制钢筋大样（由附录 3 的 J-01 的柱表可知：Z1 的截面尺寸为 500mm×500mm，Z2 的截面尺寸为 400mm×500mm）。

1）识读图 2-21 中 KL7 平法注写的内容，先绘制上部通长筋 2Φ25。根据图纸说明，本项目为四级抗震，KL7 为屋顶的梁，选择平法 16G101-1 第 85 页的抗震屋面框架梁纵向钢筋构造来绘制。绘制梁正立面图（图 2-22）；通过观察梁的正立面图，可知上部通长筋的形状。绘制梁顶面平面图（图 2-23）；上部通长筋布置在梁顶面的角部，因此，通过梁顶面平面图可知上部通长筋的位置。

[提示]

① 布置上部通长筋时，先布置角部纵筋。

② H_c 为柱截面沿框架方向的高度。以图 2-21 的 KL7 为例，②轴处为 Z2，Z2 截面尺寸为 400mm×500mm，沿 KL7 方向的尺寸为 400mm，则 $h_c=400$mm；图中②轴的 KL9，位于Ⓐ、Ⓑ轴处的 Z2，沿 KL9 方向的尺寸为 500mm，因此 $h_c=500$mm。

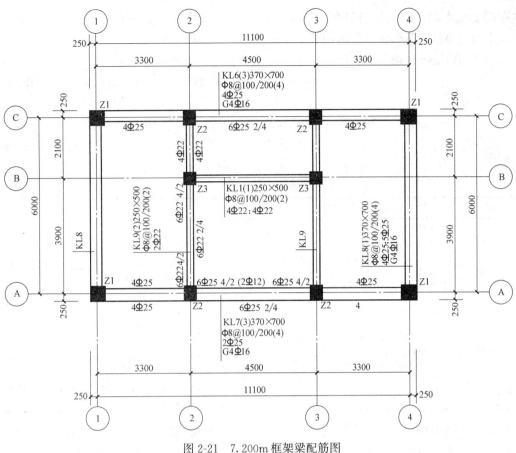

图 2-21　7.200m 框架梁配筋图

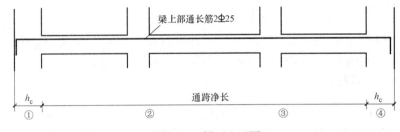

图 2-22　梁正立面图

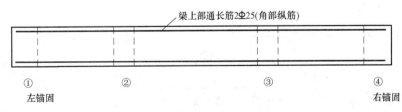

图 2-23　梁顶面平面图

③ 通跨净长为各跨长之和 L 净长，本图的通跨净长＝11100－250×2＝10600mm。

④ 通长筋搭接问题：钢筋出厂长度一般是 6、8、9、12m，当钢筋的长度不够时，需要将两根钢筋连接。

⑤ 左右锚固长度相同，屋顶框架梁 KL7 的锚固长度＝h_c-c+梁高$-c$；

以图 2-21 为例，锚固长度＝500－25＋700－25＝1150mm。

[总结]

单根钢筋计算长度公式　　　　　　　　表 2-3

钢筋名称	计算公式	对应图集节点
上部通长筋（屋顶框架梁）	长度＝通跨净长＋左锚固长度＋右锚固长度 ＝通跨净长＋2(h_c-c+梁高$-c$)	16G101-1 第 85 页的抗震屋面框架梁 WKL 纵向钢筋构造
上部通长筋（楼层框架梁）	弯锚时： 长度＝通跨净长＋左锚固长度＋右锚固长度 ＝通跨净长＋2($h_c-c+15d$) 或者： 长度＝通跨净长＋2(0.4$L_{abE}+15d$) 直锚时： 长度＝通跨净长＋2·max(0.5h_c+5d,L_{aE}) 直锚条件：$h_c-c\geqslant L_{aE}$	16G101-1 第 84 页的抗震屋面框架梁 KL 纵向钢筋构造

注：c 为混凝土保护层厚度；h_c 为柱截面沿框架方向的高度。

[训练] ① 阅读非抗震情况下 KL、WKL 的构造图，写出其上部通长筋的长度公式。

② 阅读非框架梁 L 的构造图，写出其上部通长筋的长度公式。

2）绘制其他上部纵筋。绘制梁正立面图（图 2-24），反映其他各上部钢筋的形状；绘制梁顶面平面图（图 2-25），反映其他各上部钢筋的位置。绘制时，参考平法 16G101-1 第 85 页的抗震屋面框架梁纵向钢筋构造。

① 先绘制①～②轴、③～④轴上部纵筋：包括第一排上部支座负筋 2Φ25，布置在①～②轴、③～④轴全跨；第二排支座负筋 2Φ25，布置在②轴左侧 $L_n/4$ 范围内、③轴右侧 $L_n/4$ 范围内。

② 再绘制②～③轴上部纵筋：包括第一排上部支座负筋 2Φ25，钢筋布置到②轴右侧 $L_n/3$ 范围内、③轴左侧 $L_n/3$ 范围内；第二排支座负筋 2Φ25，布置到②轴右侧 $L_n/4$ 范围内、③轴左侧 $L_n/4$ 范围内。

③ 最后绘制架立筋，架立筋位置在第一排，同第一排上部支座负筋搭接。

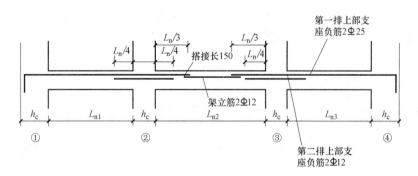

图 2-24　梁正立面图

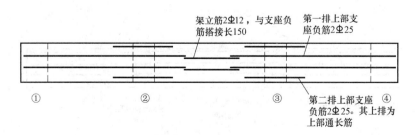

图 2-25　梁顶面平面图

[提示]

① 跨度值 L_n 取值规定为：对于端支座，L_n 为本跨的净跨值；对于中间支座，L_n 为支座两边较大一跨的净跨值。本项目中间支座②轴处：左跨 $L_{n1}=3300-250(Z1)-200(Z2)=2850mm$，右跨 $L_{n2}=4500-200$（Z2）-200（Z2）$=4100mm$，则②轴处的 L_n 取较大值，$L_n=4100mm$。

② 框架梁上部支座纵筋（也称支座负筋）伸出长度的取值为：第一排非通长筋从柱边起伸出至 $L_n/3$；第二排非通长筋从柱边起伸出至 $L_n/4$。

③ 第一排支座负筋长度 $=L_n/3+$②轴处 $h_c+L_{n1}+$①轴处锚固（H_c-c+梁高$-c$）$=4100/3+400+2850+(500-25+700-25)≈5767mm$。

④ 第二排支座负筋长度 $=2L_n/4+$②轴处 $h_c=2×4100/4+400=2450mm$。

⑤ 架立筋与支座负筋的搭接长度为 150mm。

因此，架立筋长度＝本跨净跨长－2×负筋伸入长度＋2×150
$=4100-2L_n/3+2×150=4100-2×4100/3+2×150≈1667mm$

[总结]

单根钢筋计算长度公式 表 2-4

钢筋名称	计算公式	对应图集节点
端支座负筋	第一排钢筋长度 $=L_n/3+$锚固	16G101-1 第 84、85 页的楼层和屋面框架梁 KL、WKL 纵向钢筋构造，锚固同梁上部通长筋的端锚固
	第二排钢筋长度 $=L_n/4+$锚固	
中间支座负筋	第一排钢筋长度 $=2L_n/3+h_c$	16G101-1 第 84、85 页的楼层和屋面框架梁 KL、WKL 纵向钢筋构造
	第二排钢筋长度 $=2L_n/4+h_c$	
架立筋	长度＝本跨净跨长－2×负筋伸入长度＋2×150	16G101-1 第 84、85 页的楼层和屋面框架梁 KL、WKL 纵向钢筋构造

3）绘制下部纵筋。绘制梁正立面图（图 2-26），反映下部纵筋的形状；绘制梁底面平面图（图 2-27），反映下部纵筋的位置。绘图时，参考平法 16G101-1 第 85 页的抗震屋面框架梁纵向钢筋构造。

从左至右逐跨完成；先绘制①~②轴、③~④轴的下部纵筋 4Φ25，接着绘制②~③的下部纵筋 6Φ25，其中下一排为 4Φ25，上一排为 2Φ25。

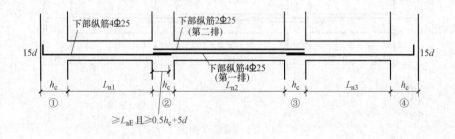

图 2-26 梁正立面图

图 2-27 梁底面平面图

[提示]

① 在端支座处，下部纵筋的锚固长度 $=h_c-c+15d$（或者 $=0.4L_{aE}+15d$）

② 在中间支座处，下部纵筋的锚固长度 $=max(L_{aE}, 0.5h_c+5d)$。

③ 本项目端跨①~②轴下部纵筋的长度 $=h_c-c+15d+L_{n1}+max(L_{aE}, 0.5h_c+5d)$
$=500-25+15×25+2850+max(33×25, 0.5×500+5×25)$
$=4525mm$

④ 中间跨②~③轴下部纵筋长度 $=2×max(L_{aE}, 0.5h_c+5d)+L_{n2}$
$=2×max(33×25, 0.5×500+5×25)+4100=5750mm$

[总结]

单根钢筋计算长度公式 表 2-5

钢筋名称	计算公式	对应图集节点
下部通长筋	弯锚时： 长度＝通跨净长＋2×锚固长度 ＝通跨净长＋$2(h_c-c+15d)$ 直锚时： 长度＝通跨净长＋2×锚固长度 ＝通跨净长＋$2·max(0.5h_c+5d, L_{aE})$ 直锚的条件：$h_c-c≥L_{aE}$	16G101-1 第 84、85 页的楼层和屋面框架梁 KL、WKL 纵向钢筋构造
下部非通长筋	长度＝净跨长度＋左锚固＋右锚固 端部锚固值 $=(h_c-c+15d)$ 中间支座锚固值 $=max(L_{aE}, 0.5h_c+5d)$	16G101-1 第 84、85 页的楼层和屋面框架梁 KL、WKL 纵向钢筋构造
下部不伸入支座筋	长度 $=0.8L_n$	16G101-1 第 90 页的不伸入支座的梁下部纵筋断点位置

4）绘制侧面纵向构造钢筋（也称腰筋）G4Φ16（参考平法 16G101-1 的第 90 页）。

① 先绘制腰筋 G4Φ16，每侧 2 根，绘制梁正立面图（图 2-28），反映腰筋的形状。

② 再绘制拉筋，绘制 1-1 断面图（图 2-29），通过 1-1 断面图，可以反映腰筋的位置，拉筋的形状和位置。

根据 11G101-1 第 87 页，当梁宽≤350mm 时，拉筋直径为 6mm；梁宽>350mm 时，拉筋直径为 8mm，拉筋间距为非加密区箍筋间距的 2 倍。本项目 KL7 的尺寸为 370mm×700mm，箍筋为 Φ8@100/200（4），因此，拉筋为 Φ8@400。

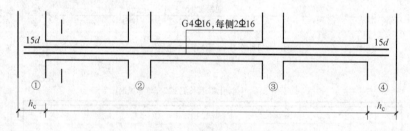

图 2-28 梁正立面图

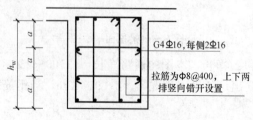

图 2-29 1-1 断面图

① 当 $h_w \geqslant 450$mm 时，在梁的两个侧面应沿高度配置纵向构造钢筋；纵向构造钢筋间距 $a \leqslant 200$mm。h_w 指梁的腹板高度，h_w＝梁高－板厚度。

② 当梁侧面配有直径不小于构造纵筋的受扭纵筋时，受扭钢筋可以代替构造钢筋。

③ 梁侧面构造纵筋的搭接与锚固长度可取 $15d$。梁侧面受扭纵筋的搭接长度为 L_{lE} 或 L_l，其锚固长度为 L_{aE} 或 L_a，锚固方式同框架梁下部纵筋。

[总结]

单根钢筋计算长度公式　　　　　表 2-6

钢筋名称	计算公式	对应图集节点
侧面纵向构造钢筋	长度＝通跨净长＋2×15d	
侧面受扭纵筋	长度＝净跨长度＋2×锚固长度 ＝净跨长度＋2($h_c-c+15d$)	16G101-1 第90页的梁侧面纵向构造筋和拉筋
拉筋	长度＝梁宽－2c＋2L_w ＝梁宽－2c＋2×11.9d	

注：L_w 为拉筋弯钩长度（见16G101-1第62页），拉筋端部弯钩为135°，L_w＝max(11.9d，75＋1.9d)，其中 1.9d 为拉筋弯曲加大值。

5）绘制箍筋。绘制梁正立面图（图 2-30），反映箍筋布置范围；绘制梁断面图（图 2-31），反映箍筋的形状及复合方式，箍筋为 4 肢箍，复合方式为 1 个封闭型大箍＋1 个封闭型小箍。绘制时参考平法16G101-1 第88页的箍筋加密区范围及第70页的箍筋复合方式。

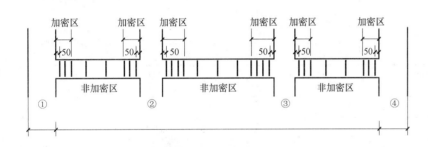

图 2-30　梁正立面图

[提示]

① 箍筋加密区长度：

抗震等级为一级时：$\geqslant 2h_b$ 且 $\geqslant 500$mm，h_b 为梁截面高度。

抗震等级为二～四级时：$\geqslant 1.5h_b$ 且 $\geqslant 500$mm，h_b 为梁截面高度。

② 举例：计算本项目①～②轴加密区、非加密区长。

本项目为四级抗震设计，加密区长度＝$1.5h_b$＝1.5×0.7＝1.05m；

非加密区长度＝3.3－0.25－0.2－1.05×2＝0.75m。

③ 箍筋布置的起步距＝50mm。

[训练]

请计算②～③轴、③～④轴箍筋加密区长度、非加密区长度。

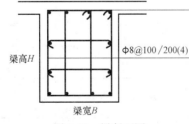

Φ8@100/200(4)

梁高H　梁宽B

图 2-31　梁断面图

[总结]

单根钢筋计算长度公式　　　　　表 2-7

项目	计算公式	对应图集节点
箍筋长度（4肢箍）	外箍筋长度＝($B-2c+H-2c$)×2＋2L_w ＝($B-2c+H-2c$)×2＋2×11.9d	16G101-1 第70、88页
	内箍筋长度＝[($B-2c$)/3＋($H-2c$)]×2＋2L_w ＝[($B-2c$)/3＋($H-2c$)]×2＋2×11.9d	
箍筋根数	根数＝2·[(加密区长度－50)/加密区间距＋1]＋ (非加密区长度/非加密区间距－1)	

注：1. L_w 为箍筋弯钩长度（16G101-1第62页）：箍筋端部弯钩为135°，L_w＝max(11.9d，75＋1.9d)，其中 1.9d 为箍筋弯曲加大值；
2. 箍筋根数遇小数点均按向上取整数。

任务 2.4　梁钢筋计算——工程实训案例

1. 工程实训任务单

计算附录 3 中 G-03 的 7.200m 框架梁 KL7 的钢筋工程量（假设钢筋的连接方式为机械连接）。

2. 计算思路

（1）熟悉图纸，明确抗震等级、混凝土强度等级、钢筋级别；

（2）查表计算出钢筋的锚固长度、搭接长度；

（3）先识读钢筋集中标注，再识读原位标注，按照从上至下，从左至右的顺序，逐步计算各部位的钢筋长度及重量；

（4）汇总全部钢筋的重量（说明：计算长度单位为 m，重量单位为 kg 时，保留小数点后两位数字，第三位四舍五入。汇总后以吨（t）为单位时，保留小数点后三位数字，第四位四舍五入）。

3. 计算过程表

　　　　　表 2-8

序号	层数、轴线及构件名称	钢筋规格及等级	计算式	计算结果
	屋面框架梁		四级抗震，C25 混凝土，混凝土保护层厚度 $c=25$mm，KL7 上部通长筋为 2Φ25，查表（平法 16G101-1 第 58 页）	
			$L_{aE}=L_a=33d=33×25=825$mm	
			另外，本题假设钢筋连接采用机械连接，则搭接长度 $L_{lE}=0$	
一	KL7			
1	上部通长筋	2Φ25	单长＝通跨净长＋2(H_c-c+梁高－c) ＝(11.1－0.5)＋2×(0.5－0.025＋0.7－0.025)	99.49kg

续表

序号	层数、轴线及构件名称	钢筋规格及等级	计算式	计算结果
			=12.9m	
			重量=单长×根数×0.00617d^2	
			=12.9×2×0.00617×25×25	
			=99.49kg	
2	支座负筋			
(1)	第一排	2Φ25	单长=②轴处右侧 L_n/3+①~②轴钢筋长+①轴支座内的锚固长	89.00kg
	①~②轴，③~④轴	共2处	=(4.5−0.2×2)/3+(3.3+0.2−0.25)+(0.5−0.025+0.7−0.025)	
			=5.77m	
			重量=单长×根数×0.00617d^2	
			=5.77×2×2×0.00617×25×25	
			=89.00kg	
(2)	第二排	2Φ25	单长=2L_n/4+支座宽 h_c	37.79kg
	②、③轴处	共2处	=2×(4.5−0.2×2)/4+0.4	
			=2.45m	
			重量=单长×根数×0.00617d^2	
			=2.45×2×2×0.00617×25×25	
			=37.79kg	
3	架立筋	2Φ12	单长=本跨净跨长−2×负筋伸入长度 L_n/3+2×150	2.97kg
			=(4.5−0.2×2)−2×(4.5−0.2×2)/3+2×0.15	
			=1.67m	
			重量=单长×根数×0.00617d^2	
			=1.67×2×0.00617×12×12	
			=2.97kg	
4	下部纵筋			
(1)	①~②轴、③~④轴	4Φ25	单长=净跨长度+左端部锚固+右中间支座锚固	139.75kg
		共2处	=净跨长度+(h_c−c+15d)+max(L_{aE},0.5h_c+5d)	
			=(3.3−0.25−0.2)+(0.5−0.025+15×0.025)+max(0.825,0.5×0.4+5×0.025)	
			=4.53m	
			重量=单长×根数×0.00617d^2	
			=4.53×4×2×0.00617×25×25	
			=139.75kg	
(2)	②~③轴	6Φ25 2/4	单长=净跨长度+左中间支座锚固+右中间支座锚固	133.04kg
			=(4.5−0.2×2)+2·max(0.825,0.5×0.4+5×0.025)	
			=5.75m	
			重量=单长×根数×0.00617d^2	
			=5.75×6×0.00617×25×25	

续表

序号	层数、轴线及构件名称	钢筋规格及等级	计算式	计算结果
			=133.04kg	
5	腰筋	4Φ16	单长=通跨净长+2×15d	70.00kg
			=(11.1−0.5)+2×15×0.016	
			=11.08m	
			重量=单长×根数×0.00617d^2	
			=11.08×4×0.00617×16×16	
			=70.00kg	
6	拉筋	Φ8@400	单长=梁宽−2c+2×11.9d	10.88kg
		2排	=0.37−2×0.025+2×11.9×0.008	
			=0.51m	
			根数=(净跨长−2×起步距50)/间距+1	
			={[(3.3−0.25−0.2)−2×0.05]/0.4+1}×2+[(4.5−0.2×2)−2×0.05]/0.4+1	
			=26.75　向上取整为27根	
			重量=单长×根数×0.00617d^2	
			=0.51×27×2×0.00617×8×8	
			=10.88kg	
7	箍筋	Φ8@100/200(4)	外箍筋单长=2(B−2c+H−2c)+2×11.9d	122.50kg
			=2(0.37−2×0.025+0.7−2×0.025)+2×11.9×0.008	
			=2.13m	
			内箍筋单长=2[(B−2c)/3+(H−2c)]+2×11.9d	
			=2[(0.37−2×0.025)/3+(0.7−2×0.025)]+2×11.9×0.008	
			=1.70m	
			加密区长度为1.5h_b=1.5×0.7=1.05m	
			根数=2[(加密区长度−50)/加密区间距]+非加密区长度/非加密区间距+1	
			①~②轴和③~④轴	
			={2×[(1.05−0.05)/0.1]+[(3.3−0.25−0.2−2×1.05)/0.2]+1}×2=50根	
			②~③轴	
			=2×[(1.05−0.05)/0.1]+[(4.5−0.2×2−2×1.05)/0.2]+1=31根	
			合计:50+31=81根	
			重量=单长×根数×0.00617d^2	
			=(2.13+1.7)×81×0.00617×8×8	
			=122.50kg	
	汇总	Φ25	99.49+89.00+37.79+139.75+133.04=499.07kg=0.499t	0.499t
		Φ16	70.00kg=0.07t	0.07t
		Φ12	2.97kg=0.003t	0.003t
		Φ8	10.88+122.50=133.38kg=1.334t	1.334t

任务 2.5　梁钢筋计算节点实训任务工作单

计算附录 3 中 G-02 的 3.600 框架梁配筋图中全部梁的钢筋工程量。

1. 目的

通过钢筋工程量计算实训，使学生能进一步熟悉和掌握平法图集 16G101-1 梁平法规则和构造详图，培养学生识读梁平法施工图的能力，并掌握钢筋工程量计算方法和技能。

2. 要求

（1）独立完成。学生应根据梁平法施工图识读方法和钢筋工程量计算的步骤，按照一定计算顺序，在教师的指导下独立地、正确地计算任务单要求的钢筋工程量。

（2）采用统一表格。学生应在教师所提供的统一的钢筋工程量计算表中完成各项计算工作。

（3）手工编制，上机校对。学生应在给出的工程量计算表中进行具体的手工列式计算，并在手工计算完成后应用工程量计算软件进行上机计算，并对比手算与计算机计算的结果。

（4）时间要求：1 周。

3. 知识点提示

（1）计算顺序一般为：从上至下，从左至右。本次实训按照从易到难的顺序进行，因此，二层全部梁建议计算顺序依次为：KL1—KL2—KL3—KL5—KL4—LL2—LL3。

（2）其中：KL4 涉及悬挑梁钢筋识读和主次梁相交的附加箍筋的识读和计算；KL5 涉及主次梁相交处的吊筋的识读及计算；LL2、LL3 涉及非框架梁钢筋识读及计算。

以上内容需要学生根据案例的方法，在教师指导下自学 16G101-1 图集中相关规则和构造详图，完成相关计算。

4. 资料

（1）附录 3 的相关图纸；
（2）平法图集 16G101-1；
（3）钢筋工程量计算表格；
（4）钢筋用量统计的表格。

5. 成果

钢筋工程量计算表；钢筋用量汇总表。

【训练提高】

一、单项选择题

1. KL7（3）300×700 Y 500×250 表示（　　）。

A. 7 号框架梁，3 跨，截面尺寸为宽 300mm，高 700mm，第三跨变截面根部高 500mm，端部高 250mm

B. 7 号框架梁，3 跨，截面尺寸为宽 700mm，高 300mm，第三跨变截面根部高 500mm，端部高 250mm

C. 7 号框架梁，3 跨，截面尺寸为宽 300mm，高 700mm，框架梁水平加腋，腋长 500mm，腋高 250mm

D. 7 号框架梁，3 跨，截面尺寸为宽 300mm，高 700mm，框架梁竖向加腋，腋长 500mm，腋高 250mm

2. 架立筋同支座负筋的搭接长度为（　　）。

A. 15d　　　　B. 12d　　　　C. 150mm　　　　D. 250mm

3. 一级抗震框架梁箍筋加密区判断条件是（　　）。

A. $1.5h_b$（梁高）、500mm 中的大值　　　B. $2h_b$（梁高）、500mm 中的大值

C. 1200mm　　　　D. 1500mm

4. 梁的上部钢筋第一排全部为 4 根通长筋，第二排有 2 根端支座负筋，端支座负筋长度为（　　）。

A. $1/5 \cdot l_n$＋锚固　　B. $1/4 \cdot l_n$＋锚固　　C. $1/3 \cdot l_n$＋锚固　　D. 其他值

5. JZL1（2A）表示（　　）。

A. 1 号井字梁，两跨一端带悬挑　　　B. 1 号井字梁，两跨两端带悬挑

C. 1 号简支梁，两跨一端带悬挑　　　D. 1 号简支梁，两跨两端带悬挑

6. 抗震屋面框架梁纵向钢筋构造中端支座处钢筋构造是伸至柱边下弯，弯折长度是（　　）。

A. 15d　　　　　　　　　　B. 12d

C. 梁高－保护层厚度　　　　D. 梁高－保护层厚度×2

7. 梁有侧面钢筋时需要设置拉筋，当设计没有给出拉筋直径时，拉筋直径的确定原则是：（　　）。

A. 当梁高≤350mm 时为 6mm，梁高＞350mm 时为 8mm

B. 当梁高≤450mm 时为 6mm，梁高＞450mm 时为 8mm

C. 当梁宽≤350mm 时为 6mm，梁宽＞350mm 时为 8mm

D. 当梁宽≤450mm 时为 6mm，梁宽＞450mm 时为 8mm

8. 纯悬挑梁下部带肋钢筋伸入支座长度为（　　）。

A. 15d　　　　B. 12d　　　　C. l_{aE}　　　　D. 支座宽

9. 悬挑梁上部第二排钢筋伸入悬挑端直线段的延伸长度为（　　）。

A. L（悬挑梁净长）－保护层厚度　　B. 0.85L（悬挑梁净长）

C. 0.8L（悬挑梁净长）　　　　　　D. 0.75L（悬挑梁净长）

10. 当梁上部纵筋多于一排时，用（　　）将各排钢筋自上而下分开。

A. /　　　　B. ；　　　　C. *　　　　D. ＋

11. 梁中同排纵筋直径有两种时，用（　　）将两种纵筋相连，标注时将角部纵筋写在前面。

A. /　　　　B. ；　　　　C. *　　　　D. ＋

12. 梁高≤800mm 时，吊筋弯起角度为（　　）。

A. 60°　　　　B. 30°　　　　C. 45°　　　　D. 90°

二、多项选择题

1. 梁的平面标注包括集中标注和原位标注，集中标注的五项必注值是（　　）。

A. 梁编号、截面尺寸　　　　　B. 梁上部通长筋、箍筋

C. 梁侧面纵向钢筋　　　　　　D. 梁顶面标高高差

2. 框架梁上部纵筋包括（　　）。

A. 上部通长筋　　　B. 支座负筋　　　C. 架立筋　　　　D. 腰筋

3. 框架梁的支座负筋延伸长度的规定是（　　）。

A. 第一排端支座负筋从柱边开始延伸至 $l_n/3$ 位置

B. 第二排端支座负筋从柱边开始延伸至 $l_n/4$ 位置

C. 第二排端支座负筋从柱边开始延伸至 $l_n/5$ 位置

D. 中间支座负筋延伸长度同端支座负筋

4. 楼层框架梁端部钢筋锚固长度判断分析正确的是（　　）。

A. 当 $l_{aE} \leqslant$ 支座宽－保护层厚度时，可以直锚

B. 直锚长度为 l_{aE} 和 $0.5h_c + 5d$ 中的较大值

C. 当 $l_{aE} >$ 支座宽－保护层厚度时，必须弯锚

D. 弯锚时锚固长度＝支座宽－保护层厚度＋$15d$

5. 下列关于支座两侧梁高不同时的钢筋构造说法正确的是（　　）。

A. 顶部有高差时，高跨上部纵筋伸至柱对边弯折 $15d$

B. 顶部有高差时，低跨上部纵筋直锚入支座 l_{aE}（l_a）即可

C. 底部有高差时，低跨下部纵筋伸至柱对边弯折，弯折长度＝$15d$＋高差

D. 底部有高差时，高跨下部纵筋直锚入支座 l_{aE}（l_a）

三、计算题

1. 如图 2-32 所示，一级抗震，混凝土等级 C30，钢筋定尺长度＝9000mm，绑扎搭接，求该梁钢筋工程量。

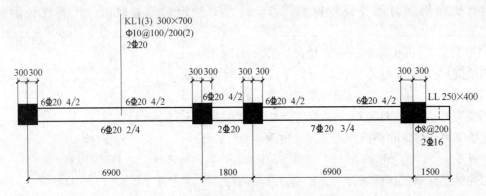

图 2-32　计算题 1（尺寸单位：mm）

2. 如图 2-33 所示，一级抗震，混凝土等级 C30，保护层厚度 25mm，求端支座负筋的长度。（提示：本题需判断端支座是弯锚还是直锚，在平法 16G101-1 中选择恰当的构造详图，然后按图书写计算公式。）

3. 识读附录 1 的结施-09 的 KL-13，完成以下训练：

（1）写出 KL-13 的集中标注、原位标注的梁平法信息；

（2）根据 KL-13 的 B 支座梁平法信息，在平法 16G101-1 中选择合适的构造详图，请问具体应选择平法 16G101-1 中第几页的哪个详图？为什么？

（3）计算 KL-13 的钢筋工程量。

（提示：KL-13 涉及框架梁变截面钢筋节点构造，请根据已学知识和方法，先从 16G101-1 中找出合适的构造详图，并分析变截面钢筋处理的方法和对应的条件，参考确定的构造图计算 KL-13 的钢筋工程量。）

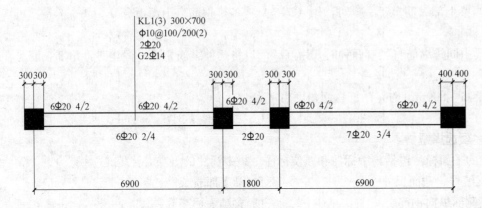

图 2-33　计算题 2（尺寸单位：mm）

项目 3　柱平法识图与钢筋计算

项目要求：

1. 熟悉柱的平法识图。
2. 掌握柱施工图的制图规则和标注方式。
3. 掌握柱钢筋的布置，并能理解记忆钢筋计算公式。
4. 具备柱的平法识图和钢筋计算实操能力。

项目重点：柱的列表注写方式和截面注写方式；柱钢筋的布置和构造；柱钢筋的计算公式；柱的平法识图和钢筋计算实操。

建议学时：12 课时。

建议教学形式：配套使用 16G101-1 图集，引导文法、讲授法、提问法、讨论法和实训法结合。

任务 3.1　柱平法识图实训任务单

1. 目的

学生根据梁平法学习过程，从平法图集 16G101-1 中获取信息，以个人或工作小组的形式进行讨论，自行决定并完成。教师需要提前完成引导文问题的答案，在学生完成任务后，发给学生进行自检和学生间互评，最后教师结合学生完成情况集中讲评，训练学生柱的平法识图能力。

2. 工作任务及信息来源

（1）图纸详见 16G101-1 第 11 页的柱平法施工图列表注写方式示例，第 12 页的柱平法施工图截面注写方式示例，附录 3 的建施图、结施图。

（2）根据 16G101-1 的柱平法施工图制图规则和柱标准构造详图的相关内容完成上述图纸的相关引导文问题。

任务 3.2　引导文 1——柱定位识读

1. 柱平法的表示方法有几种？具体是什么？
2. 平法 16G101-1 第 11 页的柱平法图为哪种注写方式？图中有哪几层的柱子信息？标高是多少？
3. 请识读平法 16G101-1 第 11 页的 KZ1，回答以下问题：
（1）KZ1 的名称是什么？其数量是多少？截面尺寸是多少？
（2）KZ1 是居中的还是偏心的？请说明 KZ1 的 b 边、h 边偏心的情况。请画出 KZ1 在六层处柱子的立面图（提示：①根据 KZ1 在六层时截面尺寸的情况，判断 KZ1 截面是否发生了变化；②通过定位轴线反映 KZ1 的偏心情况，同时结合是否变截面，画出 KZ1 的 b 边、h 边两个立面）。
（3）根据偏心的情况，KZ1 的柱变截面构造详图应选择 16G101-1 中的第几页哪个图？为什么？
4. 请识读 16G101-1 图集第 11 页的 XZ1，回答以下问题：

（1）XZ1 的名称是什么？
（2）XZ1 布置在哪个位置？它的高度是多少？它的制图规则在 16G101-1 的第几页？其内容是什么？
5. 请识读平法 16G101-1 第 12 页的柱图，回答以下问题：
（1）该图采用的是哪种注写方式？
（2）图中的柱为哪几层的柱？标高是多少？
（3）请问图中有哪些柱？分别有多少个？（提示：请按照从上至下，从左至右的顺序依次统计柱的名称和数量，避免遗漏或者重复。）
（4）图中 KZ2 的截面尺寸是多少？是否偏心？请说明 KZ2 的 b 边、h 边偏心的情况。
（5）图中 LZ1 的名称是什么？截面尺寸是多少？是否偏心？

任务 3.3　引导文 2——柱钢筋识读

1. 学习情境引导文

（1）16G101-1 第 11 页的 KZ1 的钢筋是如何布置的？
1）在 1～6 层：角筋是什么？b 边一侧中部筋是什么？h 边一侧中部筋是什么？箍筋是什么？其为几肢箍？请画出断面图。
2）在 6～11 层，角筋是什么？b 边一侧中部筋是什么？h 边一侧中部筋是什么？箍筋是什么？其为几肢箍？请画出断面图。
3）根据以上信息，在 6 层处，上下柱钢筋变少、直径变小后的构造详图为平法 16G101-1 第几页的哪些图？
（2）16G101-1 第 11 页的 XZ1 是如何配置钢筋的？配筋构造详图应选择 16G101-1 中的第几页哪个图？画出 XZ1 的构造详图。
（3）识读 16G101-1 第 12 页的 KZ2，回答以下问题：角筋是什么？b 边一侧中部筋是什么？h 边一侧中部筋是什么？全部纵筋是什么？箍筋是什么？其为几肢箍？
（4）识读 16G101-1 第 12 页的 LZ1，回答以下问题：
1）角筋是什么？b 边一侧中部筋是什么？h 边一侧中部筋是什么？全部纵筋是什么？箍筋是什么？其为几肢箍？
2）LZ1 的构造详图应选择 16G101-1 中的第几页哪个图？其钢筋的锚固长度是多少？

2. 知识点

柱钢筋按照所在位置及功能不同，可以分为纵筋和箍筋两大类（图 3-1）。

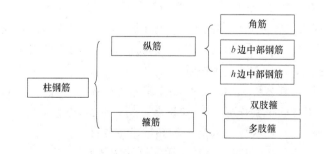

图 3-1　柱钢筋种类

柱钢筋三维示意图如图 3-2 所示。

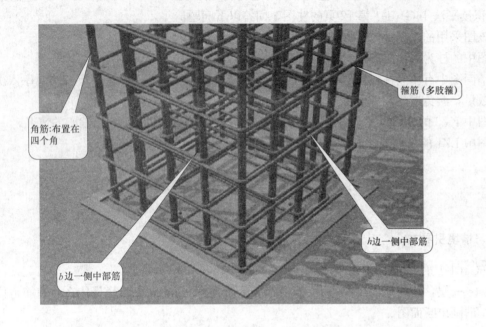

角筋:布置在四个角

箍筋(多肢箍)

b 边一侧中部筋

b 边一侧中部筋

图 3-2 柱钢筋三维示意图

任务 3.4 引导文 3——柱构造详图识读

1. 学习情境引导文

(1) 柱构造详图在平法 16G101-1 哪几页?其主要包括哪些内容?

(2) 抗震 KZ 纵向钢筋不允许在哪些部位连接?H_n 的含义是什么?h_c 的含义呢?"嵌固部位"一般指什么位置?(嵌固部位的位置详见"2. 知识点"的第(1)点)

(3) 识读附录 3 的 J-01、G-01~G-04,按 16G101-1 第 63 页的抗震 KZ 纵向钢筋连接构造,画出 Z1 的立面示意图,标出图中的"嵌固部位"的标高,各楼层标高,各楼层的梁高,h_c 的尺寸,各层的 H_n;并计算各层的 H_n 值。

(4) 假设钢筋采用绑扎搭接,按 16G101-1 第 63 页的 KZ 纵向钢筋连接构造,第 67 页的 KZ 边柱和角柱柱顶纵向钢筋构造,在 Z1 立面示意图中画出单根纵筋的形状,标示出钢筋折断点的位置、钢筋的搭接长度。(纵向钢筋折断点内容详见"2. 知识点"的第(1)点。)

(5) 柱纵向钢筋的连接,如果采用绑扎搭接,钢筋接头错开的距离为多少?如果采用机械连接,钢筋接头错开的距离为多少?如果采用焊接连接,钢筋接头错开的距离为多少?

(6) 请识读附录 3 的 G-01~G-04,回答以下问题:

1) 图中有几种框架柱?其名称和数量是什么?其是角柱还是中柱还是边柱?边柱、角柱的数量是多少?(角柱、边柱、中柱的识别详见"2. 知识点"的第(2)点。)

2) 除此以外,本项目还有哪些柱?柱的名称和数量是什么?

3) Z1 的总高是多少?请画出钢筋断面图,注明钢筋的情况。

4) 请根据 16G101-1 的第 63、67、68 页的构造详图,画出 Z1 从基础至屋顶的单根钢筋形状,并注明高度、长度:

① 应先绘制立面示意图,注明基础的底标高、顶标高,楼层标高、屋顶面标高;注明各层的梁高;标示 H_n 的数值。

② 再绘制单根钢筋的形状,注明钢筋的搭接位置、搭接长度、在柱顶的锚固长度(假设钢筋采用绑扎搭接)。

(提示:钢筋绘制中涉及柱外侧纵向钢筋、柱内侧纵向钢筋,它们的锚固规定及在边角柱中数量的分析详见"2. 知识点"第(3)、(4)点)

5) 按照 Z1 纵筋图,写出每一段钢筋长度的计算式。

6) 本项目 Z1、Z2、Z3 的外侧纵筋的数量是多少?内侧纵筋的数量是多少?

7) 柱内侧纵筋直锚、弯锚的条件是什么?

8) KZ、QZ、LZ 箍筋加密区范围是什么?(提示:构造详图需综合考虑平法 16G101-1 的第 65 页、59 页)

9) 本项目 Z1 的箍筋加密区长度分别是多少?非加密区的长度是多少?请在 Z1 的立面图中示意。

10) 请问本项目 TZ 的构造详图可选 16G101-1 哪一页上的详图?TZ 的高度是多少?

11) 识读本项目的相关图纸,在 B×②~③轴的范围内,从基础底面至 3.600m 高度范围内有哪些构件?画出立面示意图,标示各构件的编号,标示基础底面、顶面标高、楼层标高、各构件标高及高度。

12) 在 TZ 中画出纵筋的形状,并写出单根钢筋的长度计算式。

13) 对比 11G101-1 第 57、63 页,指出非抗震 KZ 纵向钢筋连接构造与抗震 KZ 的不同之处。

14) 上下柱钢筋直径不一样时,非抗震 KZ 的构造详图在 11G101-1 图集的第几页?其与抗震 KZ 的构造相同吗?

15) 非抗震 KZ 箍筋加密区是如何规定的?

16) 了解非抗震 KZ、LZ 的其他情况:

① 非抗震 KZ 屋顶的构造应选用 11G101-1 第几页的哪些详图?它们与抗震 KZ 一样吗?

② 非抗震 KZ 变截面时,应选用 11G101-1 第几页的哪些详图?它们与抗震 KZ 一样吗?

③ 非抗震 LZ 是如何锚固的?应选用 11G101-1 第几页的详图?它与抗震 LZ 一样吗?

注:13)~16)适用于 11G101-1。

2. 知识点

(1) 嵌固部位的位置、纵向钢筋折断点、纵向钢筋连接接头相互错开的识读

识读 16G101-1 第 63 页的 KZ 纵向钢筋连接构造,可知嵌固部位、纵向钢筋连接的相关信息,嵌固部位、纵向钢筋折断点、纵向钢筋连接接头相互错开示意图如图 3-3 所示。

1) 嵌固部位的位置

无地下室时,嵌固部位一般为基础顶面;有地下室时,根据具体情况由设计指定嵌固部位。

2) 纵向钢筋折断点

柱纵向钢筋采用绑扎搭接时,上面和下面的钢筋会重复一段搭接长度 L_{lE},为了方便识读,采用了折断点符号表示,朝上的折断点表示上面的钢筋到此处截断,朝下的折断点表示下面的钢筋到此处截断。

3) 纵向钢筋连接接头相互错开

根据 16G101-1 第 63 页的说明,柱相邻纵向钢筋连接接头相互错开,在同一截面内钢筋接头面积百分率不宜大于 50%。

因此，图3-3中上下两段搭接长度间距为 $0.3L_{lE}$，表示柱相邻纵向钢筋连接接头相互错开的距离是 $0.3L_{lE}$。

柱相邻纵向钢筋连接接头相互错开的三维示意图如图3-4所示。

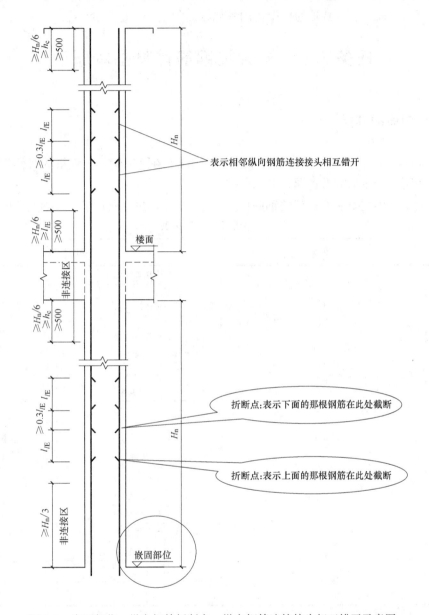

图3-3 嵌固部位、纵向钢筋折断点、纵向钢筋连接接头相互错开示意图

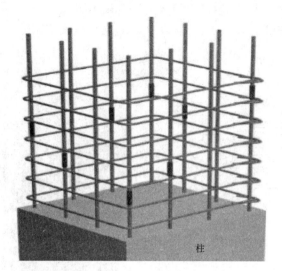

图3-4 柱纵向钢筋连接接头相互错开三维示意图

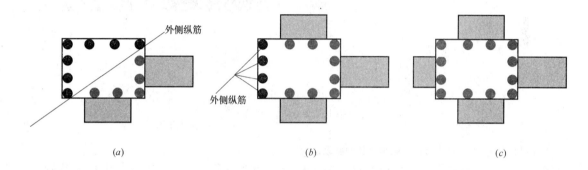

图3-5 角柱、边柱、中柱示意图

(a) 角柱；(b) 边柱；(c) 中柱

注：外侧纵筋用黑点表示，内侧纵筋用灰点表示。

（2）角柱、边柱、中柱的识别

根据布置的位置不同，柱子可以分为角柱、边柱、中柱（图3-5）。角柱就是墙角的柱子，至少两面靠外。边柱就是外墙中间的柱子，一面靠外，中柱就是中间不沾边角的柱子。

（3）角柱、边柱、中柱在屋顶面的构造

识读16G101-1第67页的KZ边柱和角柱柱顶纵向钢筋构造、第68页的KZ中柱柱顶纵向钢筋构造，可以了解：在柱顶面处，柱外侧纵筋的锚固长度为从梁底起弯锚至少 $\geq 1.5L_{abE}$，当配筋率$>$1.2%时，钢筋分两批截断，长的部分多加20d，如图3-6所示；而柱内侧纵筋同中柱柱顶纵向钢筋构造，锚固长度为伸至柱顶后弯锚12d，如图3-7所示。由此可得：柱子在屋面处，外侧纵筋和内侧纵筋的长度是不一样的，需要判断它们各自的数量。

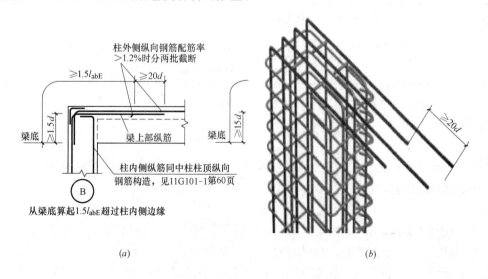

图3-6 边角柱外侧纵筋构造

(a) 平法构造图；(b) 三维示意图

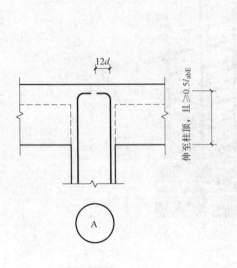

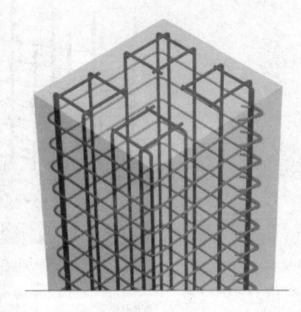

图 3-7　边角柱内侧纵筋构造

(a) 平法构造图；(b) 三维示意图

（4）角柱、边柱、中柱外侧纵筋和内侧纵筋数量

如图 3-5 所示，黑色点表示外侧纵筋，灰色点表示内侧纵筋。角柱、边柱、中柱内外侧纵筋数量分析见表 3-1。

角柱、边柱、中柱内外侧纵筋数量分析表　表 3-1

名称	外侧纵筋	内侧纵筋
角柱	3 根角筋，b 边一侧中部筋，h 边一侧中部筋	1 根角筋，b 边一侧中部筋，h 边一侧中部筋
边柱	2 根角筋，h 边（或 b 边）一侧中部筋	2 根角筋，h 边（或 b 边）一侧中部筋，b 边（或 h 边）两侧中部筋
中柱	全部为内侧纵筋	

3. 案例

识读附录 3 的 G-01～G-04，图中的柱子哪些是角柱？哪些是边柱？哪些是中柱？其数量是多少？Z1 的内外侧纵筋的数量分别是多少？

[解]

第一步：识读 G-02 的 3.6m 框架梁配筋图，根据各框架柱所在的位置，可知：Z1 为角柱，数量为 4 个；Z2 为边柱，数量为 4 个；Z3 为中柱，数量为 2 个。

第二步：识读 G-01 的柱表，根据 Z1 的配筋信息，结合表 3-1，可知：角柱 Z1 的外侧纵筋为 3 根角筋，b 边一侧中部筋，h 边一侧中部筋，即 3Φ25、3Φ22、3Φ22；内侧纵筋为 1 根角筋，b 边一侧中部筋，h 边一侧中部筋，即 1Φ25、3Φ22、3Φ22。

[训练]

1. 附录 3 的 G-01～G-04 中，Z2、Z3 的内外侧纵筋的数量分别是多少？

2. 附录 1 的结施-01～结施-04 中，哪些是角柱？哪些是边柱？哪些是中柱？其数量是多少？分析①×A 轴、②×A 轴、②×B 轴的框架柱内外侧纵筋数量分别是多少？

任务 3.5　框架柱钢筋计算基本原理

1. 框架柱钢筋的种类

由任务 3.1～任务 3.4，了解了框架柱中钢筋的情况，在计算钢筋工程量的时候应按照一定的顺序来计算，否则可能会重复或者遗漏。

下面总结框架柱中主要需要计算的钢筋种类，见表 3-2，并分别介绍各种钢筋长度的计算方法。

柱中钢筋种类汇总表　表 3-2

序号	柱种类		钢筋类型	
1	框架柱	角柱	柱基础插筋	
			首层纵筋	
			中间层纵筋	
			屋顶层纵筋	外侧纵筋
				内侧纵筋
			箍筋	
		边柱	柱基础插筋	
			首层纵筋	
			中间层纵筋	
			屋顶层纵筋	外侧纵筋
				内侧纵筋
			箍筋	
		中柱	柱基础插筋	
			首层纵筋	
			中间层纵筋	
			屋顶层纵筋	内侧纵筋
			箍筋	
2	梁上柱		柱纵筋	
			箍筋	

2. 框架柱钢筋的计算

在实际工程中，要根据结施图和设计选用的图集来计算每根钢筋的长度。下面根据平法 16G101-1 中的节点构造详图来汇总柱钢筋长度的计算方法。

识读 16G101-1 第 63 页的 KZ 纵向钢筋连接构造图（采用绑扎搭接）、第 67 页的 KZ 边柱和角柱柱顶纵向钢筋构造的 B 图、第 68 页的中柱柱顶纵向钢筋构造 A 图，从下往上识读柱的纵筋情况，同时参考附录 3 的 G-01 的基础剖面图，先绘制柱子纵筋从基础至屋顶的单根钢筋的形状示意图，如图 3-8 所示。

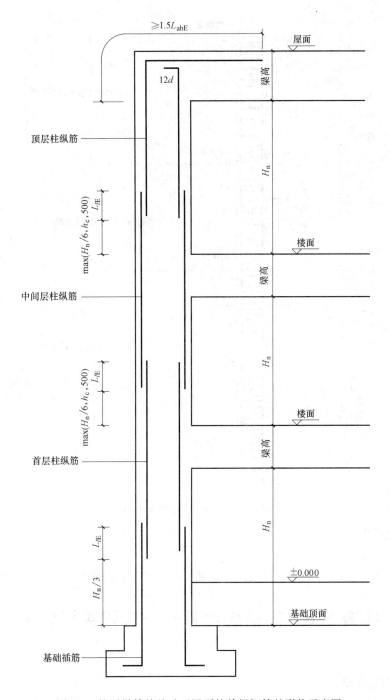

图 3-8　柱子纵筋从基础至屋顶的单根钢筋的形状示意图

（1）基础插筋的计算

由图 3-8 写出基础插筋长度公式（表 3-3），基础插筋示意图如图 3-9 所示。

基础插筋单根钢筋计算长度公式　　　　　　表 3-3

钢筋名称	计算公式	对应图集节点
基础插筋	长度＝基础高度－c＋插筋基础底弯折＋ $H_n/3$＋ L_{lE}	16G101-1 第 63 页

注：H_n 为所在楼层的柱净高；采用焊接或机械连接时，$L_{lE}=0$。

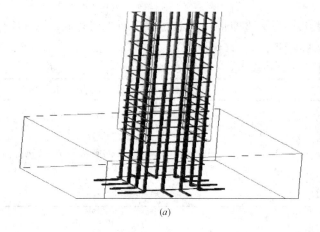

(a)　　　　　　　　　　(b)

图 3-9　基础插筋示意图

（a）三维示意图；（b）施工现场

（2）首层柱纵筋的计算

由图 3-8 写出首层柱纵筋长度公式（表 3-4）。

首层柱纵筋单根钢筋计算长度公式　　　　　　表 3-4

钢筋名称	计算公式	对应图集节点
首层柱纵筋	长度＝底层柱高－首层净高 $H_n/3$＋max（二层楼层净高 $H_n/6$,500，h_c）＋二层纵筋搭接 L_{lE} 其中：底层柱高＝首层层高＋基础顶面至±0.000 的高度	16G101-1 第 63 页

注：h_c 为柱截面长边尺寸（圆柱为截面直径）；采用焊接或机械连接时，$L_{lE}=0$。

（3）中间层柱纵筋的计算

由图 3-8 写出中间层柱纵筋长度公式（表 3-5）。

中间层柱纵筋单根钢筋计算长度公式　　　　　　表 3-5

钢筋名称	计算公式	对应图集节点
中间层柱纵筋	以二层柱纵筋为例： 长度＝二层层高－max（二层 $H_n/6$,500，h_c）＋max（三层 $H_n/6$,500，h_c）＋与三层纵筋搭接 L_{lE}	16G101-1 第 63 页

注：h_c 为柱截面长边尺寸（圆柱为截面直径）；采用焊接或机械连接时，$L_{lE}=0$。

（4）顶层柱纵筋的计算

由图 3-8 写出顶层柱纵筋长度公式（表 3-6）。

顶层柱纵筋单根钢筋计算长度公式　　　　　　表 3-6

钢筋名称	计算公式	对应图集节点
顶层柱纵筋	外侧纵筋长度＝顶层层高－max（本层 $H_n/6$,500，h_c）－梁高＋1.5L_{aE} 内侧纵筋长度＝顶层层高－max（本层 $H_n/6$,500，h_c）－梁高＋锚固长 其中： ①当纵筋伸入梁内的直段长＜L_{aE}，则采用弯锚，锚固长＝梁高－保护层＋12d ②当纵筋伸入梁内的直段长≥L_{aE}，则采用直锚，锚固长＝梁高－保护层	16G101-1 第 63、67、68 页

(5) 箍筋计算

1）识读 16G101-1 第 70 页的矩形箍筋复合方式，第 62 页的封闭箍筋及拉筋弯钩构造，以 3×3 肢箍，4×3 肢箍（图 3-10）为例，写出箍筋长度计算公式（表 3-7）。

箍筋单根钢筋计算长度公式 表 3-7

箍筋组合方式	计算公式	对应图集节点
3×3 箍筋	外箍筋长度=$(B-2c+H-2c)\times2+2L_w$ 纵向一字箍筋长度=$H-2c+2L_w$ 横向一字箍筋长度=$B-2c+2L_w$	16G101-1 第 70、62 页
4×3 箍筋	外箍筋长度=$(B-2c+H-2c)\times2+2L_w$ 内矩形箍筋长度=$[(B-2c)/3+H-2c]\times2+2L_w$ 横向一字箍筋长度=$B-2c+2L_w$	

注：抗震时 $L_w=\max(11.9d，75+1.9d)$；非抗震时 $L_w=6.9d$。

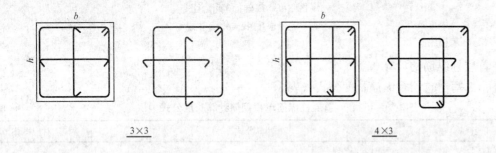

3×3   4×3

图 3-10　3×3 肢箍、4×3 肢箍

2）再识读 16G101-3 第 66 页的柱插筋在基础中的锚固构造，16G101-1 第 65 页的 KZ、QZ、LZ 箍筋加密区范围，可以得出箍筋根数计算范围图（图 3-11），由此写出箍筋根数计算公式（表 3-8）。

箍筋根数计算公式 表 3-8

箍筋类型	计算公式	对应图集节点
基础层箍筋	箍筋根数按设计图纸确定（通常为间距≤500mm 且不少于两根）	16G101-3 第 66 页
首层箍筋	箍筋根数=（底层 H_n/3)/加密区间距＋L_{lE}/加密区间距＋二层 $\max(H_n/6，500，h_c)$/加密区间距＋梁高/加密区间距＋（底层柱高－加密长）/非加密区间距＋1	16G101-1 第 65 页
中间层及顶层箍筋	箍筋根数=$2\times\max(H_n/6，500，h_c)$/加密区间距＋$L_{lE}$/加密区间距＋梁高/加密区间距＋（层高－加密长）/非加密区间距＋1	

注：采用焊接或机械连接时，$L_{lE}=0$；箍筋根数遇小数点均向上取整数。

[训练]

1．请根据箍筋复合方式写出箍筋长度计算公式。

(1) 4×4 箍筋长度。

(2) 5×4 箍筋长度。

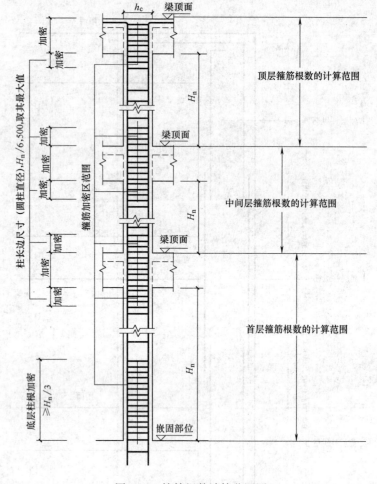

图 3-11　箍筋根数计算范围图

(3) 5×5 箍筋长度。

(4) 6×6 箍筋长度。

2．识读附录 3 的 G-01～G-04 的 Z1，计算箍筋长度，首层箍筋的根数，二层箍筋的根数。

任务 3.6　柱钢筋计算——工程实训案例

1. 工程实训任务单

计算附录 3 的 G-01～G-04 的 Z1 的钢筋工程量。

2. 计算思路

(1) 熟悉图纸，明确抗震等级、混凝土强度等级、钢筋级别；

(2) 查表计算出钢筋的锚固长度、搭接长度；

(3) 判断 Z1 是角柱、边柱还是中柱，确定外侧纵筋、内侧纵筋的根数；

(4) 先计算纵筋的长度，按照从下至上的顺序，逐步计算出各层的钢筋长度及重量；

(5) 接着计算箍筋，根据箍筋复合方式，计算箍筋长度；然后计算箍筋根数，计算箍筋重量；

(6) 汇总全部钢筋的重量。

（说明：计算长度单位为 m，重量单位为 kg 时，保留小数点后两位数字，第三位四舍五入。汇总后以吨（t）为单位时，保留小数点后三位数字，第四位四舍五入。）

3. 计算过程表

表 3-9

序号	层数、轴线及构件名称	钢筋规格及等级	计算式	计算结果
	Z1：角柱，4 个		四级抗震，C25 混凝土，混凝土保护层厚度：基础 $c=40$mm，柱 $c=30$mm；Z1 角筋为 4Φ25，查表（平法 16G101-1 的第 58 页）得：	
			$L_{aE}=L_a=33d=33\times25=825$mm	
			则绑扎搭接长度 $L_{lE}=46d=46\times25=1150$mm	
1	外侧纵筋	角筋：3Φ25	①基础插筋单根长=基础高度$-c+$插筋基础底弯折$+H_n/3+L_{lE}$	
		b 边：3Φ22	$=0.7-0.04+0.2+(3.6+0.8-0.5)/3+1.150$	
		h 边：3Φ22	$=3.32$m	
			②首层纵筋单根长=底层柱高-首层净高 $H_n/3+$max(二层楼层净高 $H_n/6,500,h_c)+L_{lE}$	
			$=(3.6+0.8)-(3.6+0.8-0.5)/3+max[(3.6-0.5)/6,0.5,0.5]+1.150$	
			$=4.77$m	
			③顶层	
			外侧纵筋单根长=顶层层高-max(本层 $H_n/6,500,h_c$)-梁高$+1.5L_{aE}$	
			$=3.6-$max$[(3.6-0.7)/6,0.5,0.5]-0.7+1.5\times0.825$	
			$=3.64$m	
			单根总长=3.32+4.77+3.64=11.73m	
			Φ25 的重量=11.73×3×4×0.00617×25×25=542.81kg	542.81kg
			Φ22 的重量=11.73×6×4×0.00617×22×22=840.70kg	840.70kg
2	内侧纵筋	角筋：1Φ25	①基础插筋单根长 同外侧纵筋，=3.32m	
		b 边：3Φ22	②首层纵筋单根长 同外侧纵筋，=4.77m	
		h 边：3Φ22	③顶层	
			内侧纵筋单根长=顶层层高-max(本层 $H_n/6,500,h_c$)-梁高+锚固	
			先判断是直锚，还是弯锚：梁高$-c=0.7-0.03=0.67<L_{aE}$，所以为弯锚	
			弯锚长度=梁高-保护层+12d	
			$=0.7-0.03+12\times0.025$	
			$=0.97$m	
			因此，内侧纵筋单根长=3.6-max$[(3.6-0.7)/6,0.5,0.5]-0.7+0.97$	
			$=3.37$m	
			单根总长=3.32+4.77+3.37=11.46m	
			Φ25 的重量=11.46×1×4×0.00617×25×25=176.77kg	176.77kg
			Φ22 的重量=11.46×6×4×0.00617×22×22=821.35kg	821.35kg
3	箍筋	Φ10@100/200	外箍筋长度=$(B-2c+H-2c)\times2+2L_w$	
		5×5 肢箍	$=(0.5-2\times0.03+0.5-2\times0.03)\times2+2\times11.9\times0.01$	
			$=2.00$m	
			内箍筋长度=$[(B-2c)/4+H-2c]\times2+2L_w$，横向纵向各一道，且长度相同	
			$=[(0.5-2\times0.03)/4+(0.5-2\times0.03)]\times2+2\times11.9\times0.01$	
			$=1.34$m	

续表

序号	层数、轴线及构件名称	钢筋规格及等级	计算式	计算结果
			一字型箍筋单长=$B($或 $H)-2c+2L_w$，横向纵向各一道，且长度相同	
			$=0.5-2\times0.03+2\times11.9\times0.01$	
			$=0.68$m	
			汇总箍筋长 箍筋总长=2+1.34×2+0.68×2=6.04m	
		首层箍筋根数	首层箍筋根数=(底层 $H_n/3$)/加密区间距+L_{lE}/加密区间距+三控区 max($H_n/6$,500,h_c)/加密区间距+节点高/加密区间距+(底层柱高-加密长)/非加密区间距+1	
			$=[(3.6+0.8-0.5)/3]/0.1+1.155/0.1+max[(3.6-0.5)/6,0.5,0.5]/0.1+0.5/0.1+[3.6+0.8-(1.3+1.155+0.52+0.5)]/0.2+1$	
			$=1.3/0.1+1.155/0.1+0.52/0.1+0.5/0.1+[(3.6+0.8)-3.475]/0.2+1$	
			$=13+12+6+5+5+1$	
			$=42$根	
		顶层箍筋根数	顶层箍筋根数=2·max($H_n/6$,500,h_c)/加密区间距+L_{lE}/加密区间距+节点高/加密区间距+(层高-加密长)/非加密区间距+1	
			$=2\cdot$max$[(3.6-0.7)/6,0.5,0.5]/0.1+1.155/0.1+0.7/0.1+[3.6-(1+1.155+0.7)]/0.2+1$	
			$=1/0.1+1.155/0.1+0.7/0.1+[3.6-2.855]/0.2+1$	
			$=10+12+7+4+1$	
			$=34$根	
		基础层根数	按图纸：3根	
		计算重量	重量=总长×总根数×0.00617×10×10	
			$=6.04\times(42+34+3)\times4\times0.00617\times10\times10$	
			$=1177.63$kg	1177.63kg
	汇总		Φ25 的重量=(542.81+176.77)=719.58kg=0.720t	0.720t
			Φ22 的重量=(840.70+821.35)=1662.05kg=1.662t	1.662t
			Φ10 的重量=1177.63kg=1.178t	1.178t

任务 3.7　柱钢筋计算节点实训任务工作单

计算附录 3 的 J-02，G-01～G-04 中全部柱钢筋工程量。

1. 目的

通过钢筋工程量计算实训，使学生能进一步熟悉和掌握平法图集 16G101-1 柱平法规则和构造详图，培养学生识读柱平法施工图的能力，掌握钢筋工程量计算方法和技能。

2. 要求

（1）独立完成。学生根据柱平法施工图识读方法和钢筋工程量计算的步骤，依照一定计算顺序，在教师的指导下计算要求的钢筋工程量。

（2）采用统一表格。学生应在教师所提供的统一的钢筋工程量计算表中完成各项计算工作。

（3）手工编制，上机校对。学生应在给出的工程量计算表中进行具体的手工列式计算，并在手

工计算完成后应用工程量计算软件进行上机计算，再对比手算与计算机计算的结果。

(4) 时间要求：1周。

3. 知识点

计算顺序一般为：从上至下，从左至右。本实训建议计算顺序依次为：Z1—Z2—Z3—TZ—GZ。

本实训需要学生按照案例的方法，在教师指导下根据16G101-1图集中相关规则和构造详图，完成相关计算。

4. 资料

(1) 附录3的建施图、结施图；

(2) 平法图集16G101-1；

(3) 钢筋工程量计算表格。

5. 成果

钢筋工程量计算表；钢筋用量汇总表。

【训练提高】

一、单项选择题

1. 抗震中柱顶层节点构造，当不能直锚时需要伸到节点顶后弯折，其弯折长度为（　　　　）。

A. 15d　　　　B. 12d　　　　C. 150mm　　　　D. 250mm

2. 柱的第一根箍筋距基础顶面的距离是（　　　　）。

A. 50mm　　　B. 100mm　　　C. 箍筋加密区间距　　D. 箍筋加密区间距/2

3. 梁上起柱时，在梁内设（　　　　）箍筋。

A. 两道　　　　B. 三道　　　　C. 一道　　　　D. 四道

4. 当钢筋在混凝土施工过程中易受扰动时，其锚固长度应乘以的修正系数为（　　　　）。

A. 1.1　　　　B. 1.2　　　　C. 1.3　　　　D. 1.4

5. 关于首层H_n的取值，以下说法正确的是（　　　　）。

A. H_n为首层净高

B. H_n为首层高度

C. H_n为嵌固部位至首层节点底的距离

D. 无地下室时，H_n为首层净高基础顶面至首层节点底的距离

6. 抗震框架柱中间层柱根箍筋加密区范围是（　　　　）。

A. 500mm　　B. 700mm　　C. $H_n/3$　　　　D. max($H_n/6$，500，h_c)

二、不定项选择题

1. 柱箍筋加密区范围包括（　　　　）。

A. 节点范围　　　　　　　　　　B. 底层刚性地面上下500mm

C. 基础顶面嵌固部位向上$H_n/3$　　D. 搭接范围

2. 纵向受拉钢筋非抗震锚固长度在任何情况下不得小于（　　　　）。

A. 250mm　　　　B. 350mm　　　　C. 400mm　　　　D. 200mm

3. 柱在楼面处节点上下非连接区长度的判断条件是（　　　　）。

A. 500mm　　　B. $H_n/6$　　　　C. H_c（柱截面长边尺寸）　　D. $H_n/3$

4. 两个柱编成统一编号必须相同的条件是（　　　　）。

A. 柱的总高相同　　　　　　　　B. 分段截面尺寸相同

C. 截面和轴线的位置关系相同　　D. 配筋相同

三、计算题

如图 3-12、图 3-13 所示，某楼中间层净高 3600mm，梁高 700mm，三级抗震，混凝土强度等级为 C25，柱保护层厚度 30mm，采用绑扎搭接，计算中间层所有纵筋工程量及箍筋工程量。

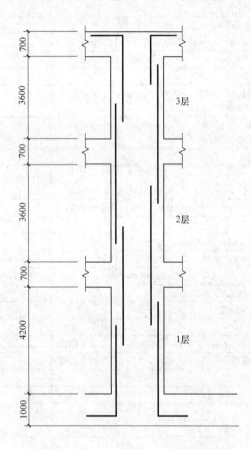

图 3-12　立面示意图（尺寸单位：mm）

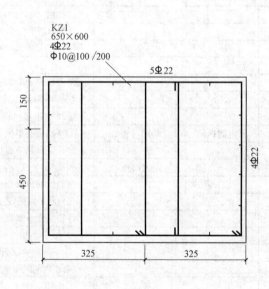

图 3-13　柱截面配筋图（尺寸单位：mm）

项目 4　剪力墙平法识图

项目要求：

1. 熟悉剪力墙的平法识图。
2. 掌握剪力墙墙身、墙柱、墙梁施工图的制图规则和标注方式。
3. 具备剪力墙的平法识图实操能力。

项目重点： 剪力墙墙身、墙柱、墙梁施工图的制图规则和标注方式；剪力墙的平法识图实操。

建议学时： 4～6 课时。

教学形式： 配套使用 16G101－1 图集，采用引导文教学法。

任务 4.1　剪力墙平法识图实训任务单

1. 目的

学生根据梁、柱平法学习过程，独立地从平法图集 16G101-1 中获取信息，以个人或工作小组的形式进行讨论，自行决定并完成。教师需要提前完成引导文问题的答案，在学生完成任务后，发给学生自检和互评，最后结合学生完成情况集中讲评，训练学生剪力墙的平法识图实操能力。

2. 工作任务及信息来源

（1）图纸详见 16G101-1 的第 22、23 页的剪力墙平法施工图列表注写方式示例，第 24 页的剪力墙平法施工图截面注写方式示例，第 25 页的地下室外墙平法施工图平面注写示例。

（2）根据 16G101-1 的剪力墙平法施工图制图规则和剪力墙标准构造详图的相关内容完成相关引导文问题。

任务 4.2　引导文 1——墙柱识读

1. 剪力墙平法有哪些注写方式？
2. 识读 16G101-1 第 22、23 页，回答以下问题：

（1）请问图中剪力墙采用哪种注写方式？此剪力墙布置在哪几层？标高是多少？

（2）图中有哪几类构件？具体名称分别是什么？数量各是多少？

（3）识读 YBZ1、YBZ2、YBZ4、YBZ6：

① 请问标高是多少？截面尺寸是多少？

② 纵筋是什么？

③ 箍筋是什么？箍筋是如何组成的？

3. 识读 16G101-1 的第 24 页的截面法剪力墙图，识读 GBZ1：

（1）GBZ1 的标高是多少？截面尺寸多少？

（2）纵筋是什么？

（3）箍筋是什么？箍筋是如何组成的？

4. 墙柱构造图识读。

（1）约束边缘构件 YBZ 的构造详图选择 16G101-1 第几页上的哪个构造图？构造边缘构件 GBZ 的构造详图选择 16G101-1 第几页上的哪个图？

（2）仔细识读 YBZ、GBZ 的构造详图，两者的区别是什么？

（3）约束边缘构件 YBZ 的非阴影区设置拉筋（或箍筋），设计时应注明箍筋的具体数值及其余拉筋，施工时，该非阴影区的箍筋应包住何处的纵筋？（提示：请综合识读 16G101-1 剪力墙墙柱相关构造图，同时结合 16G101-1 第 15 页的剪力墙墙柱制图规则进行解答）

任务 4.3　引导文 2——墙身识读

1. 识读 16G101-1 第 22 页的 Q1，回答以下问题：

（1）Q1 名称是什么？位置在哪儿？标高是多少？墙厚是多少？

（2）水平分布筋和垂直分布筋分别是什么？各为几排？具体规则在 16G101-1 第几页？

（3）图中有拉筋吗？如何识读？拉筋的设置规则在 16G101-1 第几页？

2. 根据 Q1 的信息，识读 16G101-1 图集相关的构造详图。

（1）剪力墙身水平钢筋构造图在 16G101-1 的第几页？仔细识读转角墙的钢筋构造，请问水平钢筋在转角处是如何锚固的？端部无暗柱时（或有暗柱时）剪力墙水平钢筋端部做法是什么？

（2）剪力墙身竖向钢筋构造图在 16G101-1 的第几页？剪力墙水平钢筋和竖向钢筋，哪种钢筋布置在外侧？剪力墙竖向钢筋在墙顶部是如何锚固的？

（3）根据 Q1 的截面尺寸情况，剪力墙变截面处竖向钢筋构造应选择哪个构造图？

3. 根据 Q1 的信息，绘制标高 30.270m 时，A 轴处 Q1 的水平示意图、立面示意图。（提示：绘制前，请先分析 Q1 的标高和墙厚变化，同时，注意观察墙厚发生变化的标高处，墙身与定位轴线的关系。）

4. 识读 16G101-1 第 25 页的 DWQ1，回答以下问题：

（1）DWQ1 名称是什么？在什么位置？标高是多少？墙厚是多少？

（2）外侧水平贯通筋和垂直贯通筋是什么？内侧水平贯通筋和垂直贯通筋是什么？具体规则在 16G101-1 第几页？

（3）图中有拉筋吗？如何识读？

任务 4.4　引导文 3——墙梁、墙洞识读

1. 识读 16G101-1 第 22 页的 LL1，回答以下问题：

（1）它的名称是什么？在什么位置？标高是多少？截面尺寸是多少？

（2）上部纵筋是什么？下部纵筋是什么？箍筋是什么？几肢箍？

（3）LL1 的构造详图可以选用 16G101-1 的第几页的哪个图？

参考构造图的规定，请问箍筋的布置范围是什么？箍筋布置的起步距是多少？请按构造图的规定计算 LL1 箍筋布置范围的长度为多少？若 LL1 在墙顶处布置，则箍筋布置范围是什么？箍筋起步距的规定是什么？

（4）根据 LL1 标高情况，请绘制立面简图，示意 3 层时，LL1 的高度与第 3 层、第 4 层楼面标高的关系。

2. 识读 16G101-1 第 22 页的 YD1。

（1）它的名称是什么？在什么位置？标高是多少？截面尺寸是多少？识读的具体规则详见 16G101-1 的第几页？构造详图详见 16G101-1 的第几页的哪个图？

（2）它的钢筋是如何布置的？

（3）根据 YD1 的标高规定，请绘制立面简图，示意 1、2 层时，YD1 在剪力墙的位置示意图。

（4）剪力墙洞口不大于 300mm 时、大于 300mm 且小于 800mm 时、大于 800mm 时，其补强钢筋构造分别是怎样规定的？连梁中部圆形洞口补强钢筋构造的规定是什么？

3. 剪力墙 LL、AL、BKL 配筋构造选择 16G101-1 第几页的构造图？它们的侧面纵筋和拉筋构造规定是什么？剪力墙 BKL 或 AL 与 LL 重叠时配筋构造是如何规定的？

（提示：剪力墙 LL 是剪力墙门窗洞口上方的梁，类似于砖混结构里的过梁；AL 和 BKL 都是剪力墙梁，是剪力墙身的钢筋加强带，类似于砖混结构里的圈梁，其中 AL 的宽度同剪力墙厚度一致，BKL 的梁宽大于剪力墙的厚度。）

4. 剪力墙洞口连梁截面宽度为多少时可以采用交叉斜筋配筋？当连梁截面宽度为多少时采用集中对角配筋或对角暗撑配筋？

【训练提高】

一、单项选择题

1. 墙中间单洞口连梁锚固值为 L_{aE} 且不小于（　　）。

A. 500mm　　　　B. 600mm　　　　C. 750mm　　　　D. 800mm

2. 剪力墙端部为暗柱时，内侧钢筋伸至墙边的弯折长度为（　　）。

A. 10d　　　　B. 12d　　　　C. 150mm　　　　D. 250mm

3. 关于地下室外墙下列说法错误的是（　　）。

A. 地下室外墙的代号是 DWQ　　　　　　B. H 表示地下室外墙的厚度

C. OS 表示外墙外侧贯通筋　　　　　　　D. IS 表示外墙内侧贯通筋

4. 墙上起柱时，柱纵筋从墙顶向下插入墙内长度为（　　）。

A. 1.6L_{aE}　　　　　　　　　　　　　B. 1.5L_{aE}

C. 1.2L_{aE}　　　　　　　　　　　　　D. 0.5L_{aE}

5. 剪力墙墙身拉筋长度公式为（　　）。

A. 长度＝墙厚－2×保护层厚度＋1.9d×2＋2max（10d，75）

B. 长度＝墙厚－2×保护层厚度＋10d×2

C. 长度＝墙厚－2×保护层厚度＋8d×2

D. 长度＝墙厚－2×保护层厚度

6. 剪力墙洞口处的补强钢筋每边伸过洞口（　　）。

A. 500mm　　　B. 15d　　　C. L_{aE}（L_a）　　　D. 洞口宽/2

二、多项选择题

1. 剪力墙墙身钢筋有（　　）。

A. 水平筋　　　　　　B. 竖向筋

C. 拉筋　　　　　　　D. 洞口加强筋

2. 以下关于剪力墙竖向钢筋构造描述，错误的是（　　）。

A. 剪力墙竖向钢筋采用绑扎搭接时，必须在楼面以上 500mm 时搭接

B. 剪力墙竖向钢筋采用机械连接时，没有非连接区域，可以在楼面处连接

C. 三、四级抗震剪力墙竖向钢筋可在同一部位搭接

D. 剪力墙竖向钢筋在屋顶面的构造为到顶层板底伸入一个锚固值 L_{aE}

3. 关于剪力墙墙端无柱时墙身水平钢筋端部构造，以下描述正确的是（　　）。

A. 当墙厚较小时，端部采用 U 形箍同水平钢筋搭接

B. 搭接长度为 1.2L_{aE}

C. 墙端设置双列拉筋

D. 墙水平筋也可以伸至墙端弯折 15d 且两端弯折搭接 50mm

4. 剪力墙按构件类型分，包含（　　）等类别。

A. 墙身　　　　　B. 墙柱　　　　　C. 墙梁（连梁、暗梁）　　　　　D. 板

5. 下面关于剪力墙边缘构件纵向钢筋构造描述正确的是（　　）。

A. 剪力墙边缘构件纵向钢筋搭接时，必须在楼面以上 500mm 时搭接

B. 剪力墙边缘构件纵向钢筋采用绑扎搭接时，钢筋接头需相互错开，错开距离应≥0.3L_{lE}

C. 三、四级抗震剪力墙竖向钢筋可在同一部位搭接

D. 剪力墙边缘构件纵向钢筋采用机械连接时，钢筋接头需相互错开，错开距离应≥0.3L_{lE}

项目5　有梁楼盖板平法识图与钢筋计算

项目要求：

1. 熟悉有梁楼盖板的平法识图。
2. 掌握有梁楼盖板施工图的制图规则和标注方式。
3. 掌握板钢筋的布置，并能理解记忆钢筋计算公式。
4. 具备有梁楼盖板的平法识图和钢筋计算实操能力。

项目重点：有梁楼盖板的注写方式；板钢筋的布置和构造；板钢筋的计算公式；有梁楼盖板的平法识图和钢筋计算实操。

建议学时：4 课时。

建议教学形式：配套使用 16G101-1 图集，引导文法、讲授法、提问法、讨论法和实训法。

任务 5.1　现浇板配筋图识读及绘制

板钢筋在施工图中常用两种表示方法：板配筋图和板平法图。板配筋图是将钢筋信息直接绘制在板平面图中，是传统的板结构施工图的表示方法，这种方法表达的钢筋信息简明清晰，因此，目前应用仍然非常广泛。我们先识读现浇板配筋图了解现浇板中主要的钢筋种类。

1. 板钢筋的种类

按照板需要计算的钢筋所在位置及功能不同，可以将板钢筋分为受力钢筋和附加钢筋两类，见表 5-1。

板需要计算的钢筋　　　　　　　　　　　　　表 5-1

钢筋类型	钢筋名称	
受力钢筋	板底钢筋	X 向板底钢筋
		Y 向板底钢筋
	板面支座负筋	端支座负筋
		中间支座负筋
	板面负筋	X 向负筋
		Y 向负筋
附加钢筋	板面分布钢筋	
	板凳筋（也称为马凳筋、板凳铁）	
	温度钢筋	

板底钢筋、板面负筋、板端支座负筋、中间支座负筋、分布筋、分布筋布置三维示意图分别如图 5-1～图 5-6 所示。

分布筋是固定负筋的钢筋，一般不在图上画出，仅在设计说明中用文字表明间距和直径及规格。

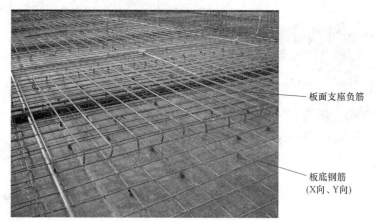

图 5-1　板底钢筋、板面支座负筋示意图

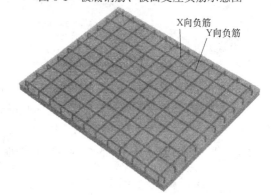

图 5-2　板面负筋示意图

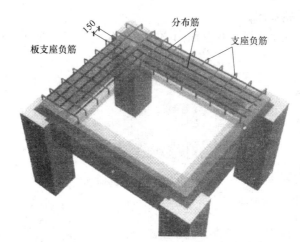

图 5-3　板端支座负筋示意图

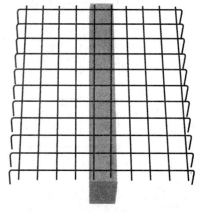

图 5-4　中间支座负筋示意图

分布筋是垂直于负筋的一排平行钢筋，分布筋与负筋刚好形成钢筋网片。

2. 现浇板配筋图识读

识读附录 3 的 G-04 的楼梯休息平台板 PTB。

(1) 识读 PTB1 的尺寸信息：平面尺寸为 2100mm×1050mm，板厚度 $h=100$mm；

(2) 识读板钢筋信息：按板底受力筋—板面支座负筋—板面分布筋的顺序识读；具体为：

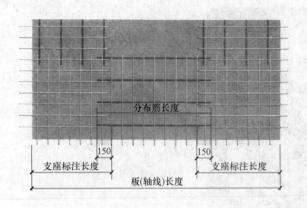

图 5-5　分布筋示意图

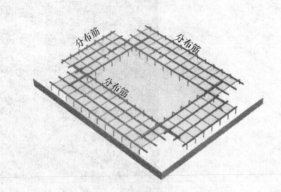

图 5-6　分布筋布置三维示意图

板底受力筋：X 向 φ8@150

　　　　　　Y 向 φ8@150

板面支座负筋：C 轴：　　　　　　　　　φ8@180　长 500mm

　　　　　　③轴：　　　　　　　　　　φ8@180　长 500mm

　　　　　　B 轴：　　　　　　　　　　φ8@180　长 500mm

　　　　　　③轴左侧 1050mm 处的 TL1：φ8@180　长 500mm

板面分布筋：　　φ6@200　　查附录 3 的 J-01 的结构设计总说明

3. 现浇板钢筋绘制

绘制附录 3 的 G-04 的楼梯休息平台板 PTB 的钢筋图。

（1）先绘制板底钢筋：将板底钢筋绘制在板底面平面图、板立面图中，如图 5-7、图 5-8 所示。

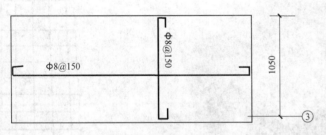

图 5-7　平面图（板底面）

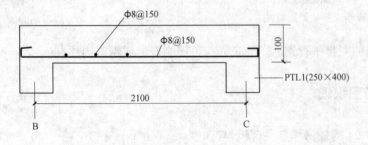

图 5-8　立面图

板底钢筋为光圆钢筋（Φ，HPB300 钢筋）时，两端需做 180°半圆弯钩，以增加钢筋与混凝土的粘结力，180°半圆弯钩长度为 6.25d。如果不是光圆钢筋，则不需做 180°弯钩。

（2）再绘制板面支座钢筋（板面负筋）：四周的板面支座负筋均为 Φ8@150，直段长 500mm，将它们绘制在板顶面平面图、板立面图中，如图 5-9、图 5-10 所示。

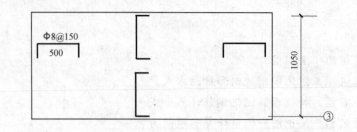

图 5-9　平面图（板顶面）

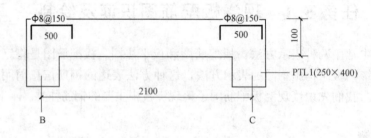

图 5-10　立面图

板面支座负筋的直段长度在图纸上有标注，弯折长度按板厚－板保护层厚度计算。

（3）绘制板面分布筋：以③轴处的板面分布筋为例进行绘制，绘制在板顶面平面图中，如图 5-11 所示。

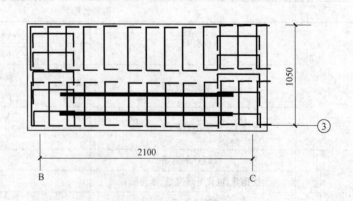

图 5-11　平面图（板顶面）

板面分布筋在板面支座筋长度范围内布置，与板面支座筋垂直相交，起固定支座负筋位置的作用，其长度按两端支座负筋净距＋2×150 计算，分布筋不做弯钩。

任务 5.2 有梁楼盖板平法识图实训任务单

1. 目的

学生结合现浇板配筋图识读及绘制，根据梁、柱平法学习的过程，独立地从平法图集 16G101-1 中获得信息，训练有梁楼盖板的平法识图实操能力。

2. 工作任务及信息来源

（1）图纸详见 16G101-1 第 44 页的有梁楼盖平法施工图示例。

（2）根据 16G101-1 的有梁楼盖平法施工图制图规则和板标准构造详图的相关内容完成相关引导文问题。

任务 5.3 引导文 1——有梁楼盖板平法规则

（1）有梁楼盖板平法施工图适用范围是什么？

（2）板平面注写包括哪些内容？

（3）板块集中标注的内容有哪些？

（4）请识读以下信息：

1）LB1　$h=120$　　B：X　Φ10@150；　　Y　Φ8@150

2）LB2　$h=100$　　B：XΦ8/10@100；　　YΦ10@100

3）XB3　$h=200/150$　　　　B：Xc & YcΦ6@200

（5）板支座原位标注有哪些内容？

（6）识读 16G101-1 第 44 页的板平法图，回答以下问题：

1）图中有几种板？各自数量是多少？标高为多少？

2）识读 LB1，说明厚度及配筋情况。

3）识读②～③×C～D 轴 LB2 的厚度及配筋情况。

4）识读 LB3 的厚度及配筋情况。

5）识读 LB4 的厚度及配筋情况。

任务 5.4 引导文 2——板标准构造详图

1. 学习情境引导文

（1）板钢筋布置的起点在什么位置？其构造图在 16G101-1 的第几页？

（2）端部支座为梁（或圈梁、剪力墙、砌体墙）时，板下部贯通纵筋（即板底钢筋）的锚固长度是多少？板支座上部非贯通纵筋（即支座负筋）的锚固长度是多少？

（3）下部贯通纵筋连接位置宜设在什么位置？上部贯通纵筋连接位置设在什么位置？

（4）分布筋与受力主筋的搭接长度为多少？抗温度筋与受力主筋的搭接长度为多少？在 16G101-1 的第几页有相关说明？

（5）识读 16G101-1 第 112 页的悬挑板构造，回答以下问题：

1）受力筋布置在板底还是板面？

2）受力筋的分布筋布置起点在什么位置？

3）悬挑板底筋为构造筋，伸入支座长度为多少？

（6）板（梁、墙）后浇带钢筋构造有几种处理方式？在 16G101-1 的第几页有相关说明？

（7）板开洞时，矩形洞口边长和圆形洞直径不大于 300mm 时的钢筋构造规定是什么？矩形洞口边长和圆形洞直径大于 300mm 但不大于 1000mm 时的钢筋构造规定是什么？

（8）识读 11G101-1 第 103 页的悬挑板构造，回答以下问题：

1）阳角放射筋布置在板底还是板面？

2）① 号阳角放射筋长度计算式是什么？

（9）根据 16G101-1 第 53 页的规则，识读：

FB1　（3）

100×300

（10）用平法注写附录 3 的 J-02、J-04 图中二层屋面板挑檐处的翻边信息。

2. 板钢筋构造及板钢筋计算公式

（1）板主要钢筋的构造规定

有梁楼盖板受力钢筋构造可分为板下部贯通纵筋（板底钢筋）构造、板上部贯通纵筋（板面负筋）构造、板支座上部非贯通纵筋（支座负筋）构造，具体构造要求如图 5-12～图 5-14 所示。

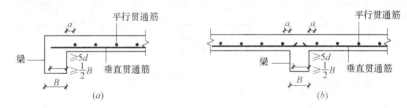

图 5-12　板下部贯通纵筋

（a）端部支座为梁；（b）中间支座为梁

注：起步距 a 为 1/2 板筋间距；B 为梁宽度。

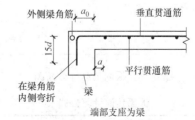

图 5-13　板上部贯通纵筋

注：起步距 a 为 1/2 板筋间距；a_0 为弯锚的直段长度；当 $a_0<L_a$ 时伸至梁外侧，在梁角筋内侧弯折 150d，当 $a_0 \geqslant L_a$ 时可不弯折。

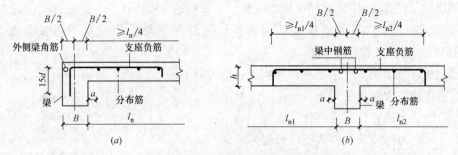

图 5-14 板支座上部非贯通纵筋（支座负筋）

(a) 端部支座为梁；(b) 中间支座为梁

注：1. 支座负筋伸出长度指自梁中心线向板跨内伸出长度，其长度由设计确定；

2. 支座负筋弯折长度＝板厚－a；

3. 起步距 a 为 1/2 板筋间距。

（2）板主要钢筋的计算公式

板端支座为梁时，板中主要钢筋的计算公式如下：

1）板下部贯通纵筋（板底钢筋）：板底钢筋计算简图如图 5-15 所示，板底计算公式见表 5-2。

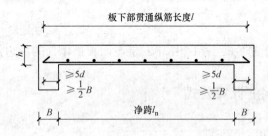

图 5-15　板底钢筋计算简图

板底钢筋计算公式　　表 5-2

钢 筋 名 称	计 算 公 式
板底钢筋	长度＝净跨＋左右伸入支座内的长度＋2×6.25d ＝L_n＋2×max(B/2,5d)＋2×6.25d
	根数＝(净跨－板筋间距)/板筋间距＋1

注：如果钢筋为非光圆钢筋，则不计算弯钩增加值 6.25d。

2）板上部贯通纵筋（板面负筋）：板面负筋计算简图如图 5-16 所示，板面负筋计算公式见表 5-3。

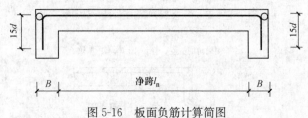

图 5-16　板面负筋计算简图

板面负筋计算公式　　表 5-3

钢 筋 名 称	计 算 公 式
板面负筋	长度＝水平长度＋弯折长度 ＝L_n＋2(B－c)＋2×15d
	根数＝(净跨－板筋间距)/板筋间距＋1

3）板上部非贯通纵筋（支座负筋）：板面支座负筋计算简图如图 5-17 所示，支座负筋计算公式见表 5-4。

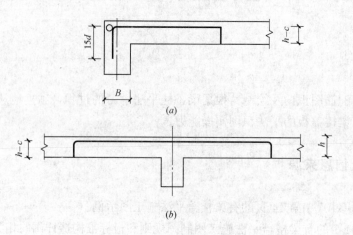

图 5-17　支座负筋计算简图

(a) 端支座负筋；(b) 中间支座负筋

支座负筋计算公式　　表 5-4

钢 筋 名 称	计 算 公 式
端支座负筋	长度＝水平长度＋弯折长度 ＝水平长度＋15d＋(h－c)
	根数＝(净跨－板筋间距)/板筋间距＋1
中间支座负筋	长度＝水平长度＋弯折长度 ＝水平长度＋2(h－c)
	根数＝(净跨－板筋间距)/板筋间距＋1

（3）板其他钢筋的计算公式

板其他钢筋主要包括：板面分布筋、温度筋、马凳筋。

1）板面分布筋：分布筋计算公式见表 5-5。

分布筋计算公式　　表 5-5

钢 筋 名 称	计 算 公 式
分布筋	长度＝两端支座负筋净距＋2×150
	根数＝支座负筋板内净长/分布筋间距＋1

2）温度筋

板的温度筋是在收缩应力较大的现浇板区域内，为防止构件由于温差较大时开裂而设置的钢筋，如图 5-18 所示。温度筋计算公式见表 5-6。

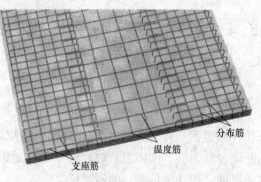

图 5-18　温度筋示意图

温度筋计算公式　　　　　　　　　　　　　　　　　　　表 5-6

钢筋名称	计　算　公　式
温度筋	长度＝板净跨－左侧支座负筋板内净长度－右侧支座负筋板内净长度＋2×150
	根数＝(板垂直向净跨长度－左侧支座负筋板内净长度－右侧支座负筋板内净长度)/温度筋间距－1

注：因为温度筋不是沿着板负筋的边布置，它是在距离板负筋一个空挡位置（起步距）开始布置的，两边有两个空挡，所以要在温度筋根数计算的最后减1。

3）马凳筋

马凳，它的形状像凳子故俗称马凳，也称撑筋、铁马。用于上下两层板钢筋中间，起固定上层板钢筋的作用。

一般图纸上不注马凳钢筋，只有个别设计马凳，大都由项目工程师在施工组织设计中详细标明其规格、长度和间距。

马凳筋作为板的措施钢筋是必不可少的，但目前没有具体的理论依据和数据，没有通用的计算标准和规范，往往是凭经验和直觉。

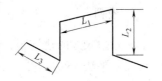

图 5-19　马凳筋简图

如果设计或施工组织设计有规定，则按图纸规定施工，否则可以按马凳筋简图（图 5-19）施工，马凳筋计算公式见表 5-7。

马凳筋计算公式　　　　　　　　　　　　　　　　　　　表 5-7

钢筋名称	计　算　公　式
马凳筋	长度＝L_1＋$2L_2$＋$2L_3$ 其中：L_1＝面筋间距＋50mm；L_2＝板厚－c；L_3＝100～150mm 根数＝板面积/(马凳筋横向间距×纵向间距) 一般施工中，马凳筋布置间距为@1000@1000，即 1m² 布置 1 根

［训练］

识读附录 3 的 J-01 的结构设计总说明，计算屋面板温度筋的长度、根数。

任务 5.5　板钢筋计算——工程实训案例

1. 工程实训任务单

计算附录 3 的 J-04 中楼梯休息平台板 PTB 的钢筋工程量。

2. 计算思路

（1）熟悉图纸，明确抗震等级、混凝土强度等级、钢筋级别；

（2）查表计算钢筋的锚固长度、搭接长度；

（3）按照"板底钢筋—板面钢筋—板面分布筋"的顺序，依次计算钢筋的长度及重量；

（4）汇总全部钢筋的重量。

（说明：计算长度单位为 m，重量单位为 kg 时，保留小数点后两位数字，第三位四舍五入。汇总后以吨（t）为单位时，保留小数点后三位数字，第四位四舍五入。）

3. 计算简图

综合分析图纸，计算简图如图 5-20 所示（③轴、B 轴居中，C 轴与 PTL1 的内边线平齐）。

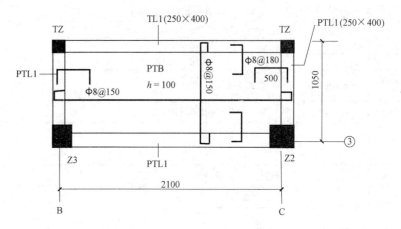

图 5-20　PTB 配筋图

4. 计算过程表

表 5-8

序号	层数、轴线及构件名称	钢筋规格及等级	计算式	计算结果
	楼梯休息平台板 PT1		四级抗震，C25 混凝土，混凝土保护层厚度：板 c＝15mm	
1	板底钢筋：X 向	φ8@150	长度＝L_n＋2·max(B/2,5d)＋2×6.25d	4.60kg
			＝(2.1－0.125)＋2·max(0.25/2,5×0.008)＋2×6.25×0.008	
			＝2.33m	
			根数＝(L_n－板筋间距)/板筋间距＋1	
			＝(1.05－0.125－0.25－0.15)/0.15＋1	
			＝5 根	
			重量＝2.33×5×0.00617×8×8＝4.60kg	
2	板底钢筋：Y 向	φ8@150	长度＝L_n＋2·max(B/2,5d)＋2×6.25d	5.69kg
			＝(1.05－0.125－0.25)＋2·max(0.25/2,5×0.008)＋2×6.25×0.008	
			＝1.03m	
			根数＝(L_n－板筋间距)/板筋间距＋1	
			＝(2.1－0.125－0.15)/0.15＋1	
			＝14 根	
			重量＝1.03×14×0.00617×8×8＝5.69kg	
3	板面支座负筋：C 轴	φ8@180	长度＝水平长度＋15d＋(h－c)	1.12kg
			＝0.5＋15×0.008＋(0.1－0.015)	
			＝0.71m	
			根数＝(L_n－板筋间距)/板筋间距＋1	
			＝(1.05－0.125－0.25－0.18)/0.18＋1	
			＝4 根	
			重量＝0.71×4×0.00617×8×8＝1.12kg	
4	板面支座负筋：B 轴	φ8@180	同 C 轴，重量＝1.12kg	1.12kg

序号	层数、轴线及构件名称	钢筋规格及等级	计算式	计算结果
5	板面支座负筋:③轴	Φ8@180	长度=水平长度+15d+(h−c)	3.08kg
			=0.5+15×0.008+(0.1−0.015)	
			=0.71m	
			根数=(Lₙ−板筋间距)/板筋间距+1	
			=(2.1−0.125−0.18)/0.18+1	
			=11根	
			重量=0.71×11×0.00617×8×8=3.08kg	
6	板面支座负筋:③轴左侧1050mm处的TL1	Φ8@180	同③轴,重量=3.08kg	3.08kg
7	板面分布筋:C轴	Φ6@200	长度=两端支座负筋净距+2×150	0.36kg
			=(1.05−0.125)−2×0.5+2×0.15	
			=0.23m	
			根数=支座负筋板内净长/分布筋间距+1	
			=0.5/0.2+1	
			=4根	
			重量=0.23×4×0.00617×6×6=0.36kg	
8	板面分布筋:B轴	Φ6@200	同C轴,重量=0.36kg	0.36kg
9	板面分布筋:③轴	Φ6@200	长度=两端支座负筋净距+2×150	1.36kg
			=(2.1+0.125)−2×0.5+2×0.15	
			=1.53m	
			根数=支座负筋板内净长/分布筋间距+1	
			=0.5/0.2+1	
			=4根	
			重量=1.53×4×0.00617×6×6=1.36kg	
10	板面分布筋:③轴左侧1050mm处的TL1	Φ6@200	同③轴,重量=1.36kg	1.36kg
	合计	Φ8	4.60+5.69+1.12+1.12+3.08+3.08=18.69kg	18.69kg
		Φ6	0.36×2+1.36×2=3.44kg	3.44kg

任务5.6 板钢筋计算节点实训任务工作单

计算现浇板钢筋工程量。

1. 任务

计算附录3的G-03的①～②×Ⓐ～Ⓒ轴处二层楼板钢筋工程量。

2. 目的

通过钢筋工程量计算实训,使学生熟悉板钢筋施工图,掌握钢筋工程量计算方法和技能。

3. 要求

(1)独立完成:学生应根据板平法施工图识读方法和钢筋工程量计算的步骤,按照一定计算顺序,在教师的指导下独立地计算钢筋工程量。

(2)采用统一表格。学生应在教师所提供的钢筋工程量计算表中完成各项计算工作。

(3)手工编制,上机校对。学生应在给出的工程量计算表中进行具体的手工列式计算,并在手工计算完成后应用工程量计算软件进行上机计算,再对比手算与计算机计算的结果。

(4)时间要求:1天。

4. 资料

(1)附录3的建施图、结施图;

(2)平法16G101-1;

(3)钢筋工程量计算表格。

5. 成果

钢筋工程量计算表,钢筋用量汇总表。

【训练提高】

一、单项选择题

1. 板块编号中XB表示(　　　　)。

A. 现浇板　　　　B. 悬挑板　　　　C. 延伸悬挑板　　　　D. 屋面现浇板

2. 纵向钢筋搭接接头面积百分率为25%,其搭接长度修正系数为(　　　　)。

A. 1.1　　　　B. 1.2　　　　C. 1.4　　　　D. 1.6

3. 当板的端支座为梁时,底筋伸进支座的长度为(　　　　)。

A.10d

B. 支座宽/2+5d

C. max(支座宽/2,5d)　　　D. 5d

4. 板端支座负筋弯折长度为(　　　　)。

A. 板厚　　　　B. 板厚−保护层厚度　　　　C. 板厚−2×保护层厚度　　　　D.15d

5. 板在端部支座处,底筋伸进支座的长度为(　　　　)。

A. 板厚　　　　　　　　B. 支座宽/2+5d

C. max(支座宽/2,5d)　　　D. max(板厚,120,5d)

6. 当板支座为剪力墙时且端部支座为剪力墙中间层,板负筋伸入支座内平直段长度为(　　　　)。

A. 5d　　　　　　　　　　B. 墙厚/2

C. 墙厚−保护层厚度−墙外侧竖向分布筋直径　　D. 0.4Lₐᵦ

7.16G101-1注明有梁楼面板和屋面板下部受力筋伸入支座的长度为(　　　　)。

A. 支座宽−保护层厚度　　　　B. 5d

C. 支座宽/2+5d　　　　　　D. max(支座宽/2,5d)

二、多项选择题

1. 影响钢筋锚固长度L_{ae}大小的因素有(　　　　)。

A. 抗震等级　　　　　　B. 混凝土强度

C. 钢筋种类及直径　　　D. 保护层厚度

2. 在无梁楼盖板的制图规则中规定了相关代号，下面对代号解释正确的是（　　　　）。

A. ZSB 表示柱上板带　　　　　　B. KZB 表示跨中板带

C. B 表示上部，T 表示下部　　　　D. $H=\times\times\times$ 表示板带宽，$B=\times\times\times$ 表示板带厚

3. 板内钢筋有（　　　　）。

A. 受力筋　　　B. 负筋　　　C. 负筋分布筋　　　D. 温度筋　　　E. 架立筋

4. 悬挑板板厚标注为 $h=120/80$，表示该板的（　　　　）。

A. 板根厚度为 120mm　　　　B. 板根厚度为 80mm

C. 板前端厚度为 80mm　　　　D. 板前端厚度为 120mm

项目 6　楼梯构件平法识图与钢筋计算

项目要求：

1. 熟悉楼梯配筋图识读及绘制。

2. 掌握楼梯平法的制图规则和标注方式。

3. 具备楼梯的平法识图和钢筋计算实操能力。

项目重点： 楼梯的注写方式；楼梯钢筋的布置和构造；楼梯的平法识图和钢筋计算实操。

建议学时： 4 课时。

建议教学形式： 配套使用 16G101-2 图集，引导文法、讲授法、提问法、讨论法和实训法。

任务 6.1　楼梯配筋图识读及绘制

1. 楼梯钢筋的种类

板式楼梯需要计算的钢筋按照所在位置及功能不同，可以分为梯梁钢筋、休息平台板钢筋、梯段板钢筋，其中梯梁钢筋参考梁的识读及计算，休息平台板的钢筋参考板的识读及计算，在此任务中只介绍梯段板内钢筋识读及计算。

梯段板内的钢筋主要有：板底受力筋（下部纵筋），板底分布筋，板面支座负筋（上部纵筋），板面分布筋，如图 6-1 所示。

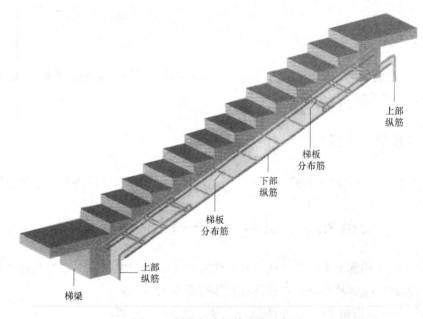

图 6-1　梯段板内钢筋三维示意图

2. 楼梯配筋图识读及钢筋形状绘制

识读附录3的G-04的楼梯梯段板配筋图，说明钢筋配置情况并绘制钢筋形状。

（1）先识读尺寸信息：梯段板2段，水平投影尺寸为2430mm×990mm，高度1800mm，板厚为140mm；

（2）识读钢筋信息：按板底受力筋—板底分布筋—板面支座负筋—板面分布筋的顺序识读；具体为：

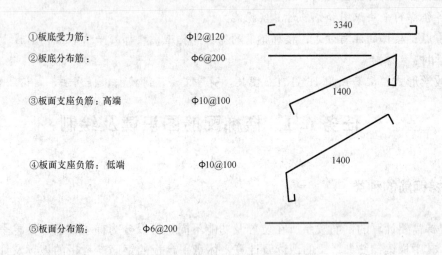

①板底受力筋：	Φ12@120
②板底分布筋：	Φ6@200
③板面支座负筋：高端	Φ10@100
④板面支座负筋：低端	Φ10@100
⑤板面分布筋：	Φ6@200

任务6.2 楼梯平法识图实训任务单

1. 目的

学生结合楼梯配筋图识读及绘制；按照梁、板、柱平法，独立地从平法图集11G101-1中获取信息，训练楼梯平法识图实操能力。

2. 工作任务及信息来源

根据16G101-2的现浇混凝土板式楼梯施工图制图规则和标准构造详图解答相关引导文问题。

任务6.3 引导文——楼梯平法识读

1. 现浇混凝土板式楼梯的平法施工图有几种注写方式？16G101-2图集中有几种类型的楼梯？

2. 平面注写方式包括哪些标注？这些标注具体有哪些内容？

3. 识读16G101-2图集第23、24页的AT楼梯，回答以下问题：

（1）图中表示了哪些构件？

（2）识读AT3。说明尺寸信息和厚度、踏步级数、踏步的高度和宽度，以及配筋情况。

（3）写出AT3下部纵筋长度公式。下部纵筋的锚固是如何规定的？

（4）写出AT3上部纵筋长度公式。上部纵筋的锚固是如何规定的？

（5）AT3应在何处布置分布筋？其长度公式是什么？

4. 识读16G101-2图集第52页的楼梯施工图剖面注写示例（平面图）、第53页的楼梯施工图剖面注写示例（剖面图），回答以下问题：

（1）图中的梯段板有几种类型？分别布置在图中多少标高的位置？

（2）识读AT1，说明尺寸信息和厚度、踏步级数、踏步的高度和宽度，以及配筋情况。

（3）识读CT1，说明尺寸信息和厚度、踏步级数、踏步的高度和宽度，以及配筋情况。

（4）识读PTB，其布置在图中多少标高的位置？说明尺寸信息和厚度、踏步级数、踏步的高度和宽度，以及配筋情况。

任务6.4 楼梯钢筋计算——工程实训案例

1. 工程实训任务单

计算附录3中G-04的楼梯梯段板钢筋工程量。

2. 计算思路

（1）熟悉图纸，明确抗震等级、混凝土强度等级、钢筋级别；

（2）查表计算出钢筋的锚固长度、搭接长度；

（3）按照"板底钢筋—板面钢筋—板面分布筋"的顺序，计算钢筋的长度及重量；

（4）汇总全部钢筋的重量。

（说明：计算长度单位为m，重量单位为kg时，保留小数点后两位数字，第三位四舍五入。汇总后以吨（t）为单位时，保留小数点后三位数字，第四位四舍五入。）

3. 计算过程表

表6-1

序号	层数、轴线及构件名称	钢筋规格及等级	计算式	计算结果
	楼梯梯段板	2块	四级抗震，C25混凝土，混凝土保护层厚度：板c=15mm	
1	板底受力筋	Φ12@100	长度=3.34+2×6.25d	74.42kg
			=3.34+2×6.25×0.012	
			=3.49m	
			根数=（构件宽度-2c)/钢筋间距+1	
			=[（0.99+0.12）-2×0.015]/0.1+1	
			=12根	
			重量=3.49×12×2×0.00617×12×12=74.42kg	
2	板底分布筋	Φ6@200	长度=构件宽度-2c	8.64kg
			=（0.99+0.12）-2×0.015	
			=1.08m	
			根数=（3.34-2×50)/钢筋间距+1	
			=（3.34-2×0.05)/0.2+1	
			=18根	
			重量=1.08×18×2×0.00617×6×6=8.64kg	

序号	层数、轴线及构件名称	钢筋规格及等级	计算式	计算结果
3	板面支座负筋:高端	Φ10@100	长度＝直段长度＋(板厚－保护层)＋15d(按图集 11G101-2 第20 页的构造详图书写公式)	24.88kg
			＝1.4＋(0.14－0.015)＋15×0.01	
			＝1.68m	
			根数＝(构件宽度－2c)/钢筋间距＋1	
			＝[(0.99－0.12)－2×0.015]/0.1＋1	
			＝12 根	
			重量＝1.68×12×2×0.00617×10×10＝24.88kg	
4	板面支座负筋:低端	Φ10@100	同高端,重量＝24.88kg	24.88kg
5	板面分布筋:高端	Φ6@200	长度＝板的宽度－2c	3.84kg
			＝(0.99＋0.12)－2×0.015	
			＝1.08m	
			根数＝板面支座负筋的长度/钢筋间距＋1	
			＝1.4/0.2＋1	
			＝8 根	
			重量＝1.08×8×2×0.00617×6×6＝3.84kg	
6	板面分布筋:低端	Φ6@200	同高端,重量＝3.84kg	3.84kg
	合计	Φ12	74.42kg	74.42kg
		Φ10	24.88×2＝49.76kg	49.76kg
		Φ6	8.64＋3.84×2＝16.32kg	16.32kg

任务 6.5　楼梯钢筋计算节点实训任务工作单

计算附录 1 的二层和三层楼梯钢筋工程量。

1. 目的

通过钢筋工程量计算实训,使学生熟悉楼梯钢筋施工图,掌握楼梯钢筋工程量计算方法和技能。

2. 要求

(1) 独立完成。学生应根据楼梯平法施工图识读方法和钢筋工程量计算的步骤,按照一定计算顺序,在教师的指导下独立地计算任务单要求的钢筋工程量。

(2) 采用统一表格。学生应在教师所提供的统一的钢筋工程量计算表中完成各项计算工作。

(3) 手工编制,上机校对。学生应在给出的工程量计算表中进行具体的手工列式计算,并在手工计算完成后应用工程量计算软件进行上机计算,再对比手算与计算机计算的结果。

(4) 时间要求:1 天。

3. 资料

(1) 附录 1 的建施图、结施图;

(2) 平法 16G101-2;

(3) 钢筋工程量计算表格。

4. 成果

钢筋工程量计算表,钢筋用量汇总表。

【训练提高】

一、单项选择题

1. 现浇板式楼梯中编号"DT"表示(　　　)。

A. 梯板由踏步段和高端平板构成

B. 梯板由低端平板和踏步段构成

C. 梯板由低端平板、踏步板和高端平板构成

D. 梯板全部由踏步段构成

2. 楼梯集中标注的内容不包括(　　　)。

A. 梯板类型代号和序号

B. 踏步段总高度和踏步级数

C. 梯板支座上部纵筋和下部纵筋

D. 梯板的平面几何尺寸

3. 楼梯平法施工图中,PTB 是指(　　　)。

A. 楼梯板　　　B. 平台板　　　C. 预制板　　　D. 踏步板

4. 某楼梯集中标注 FΦ8@200 表示(　　　)。

A. 梯板下部钢筋 Φ8@200

B. 梯板上部钢筋 Φ8@200

C. 梯板分布筋 Φ8@200

D. 平台梁钢筋 Φ8@200

5. 梯板上部纵筋的延伸长度为净跨的(　　　)。

A. 1/2　　　B. 1/3　　　C. 1/4　　　D. 1/5

6. 某楼梯集中标注 1800/13 表示(　　　)。

A. 踏步段宽度及踏步级数

B. 踏步段长度及踏步级数

C. 层间高度及踏步宽度

D. 踏步段总高度及踏步级数

7. 下部纵筋伸入支座的长度为(　　　)。

A. 支座宽－保护层厚度　　　B. 5d　　　C. 支座宽/2＋5d　　　D. max(支座宽/2, 5d)

二、判断题

1. AT 型楼梯全部由踏步段构成。(　　　)

2. DT 型楼梯由低端平板、踏步板和高端平板构成。(　　　)

3. HT 型支撑方式:梯板一端的层间平板采用三边支承,另一端的梯板段采用单边支承(在梯梁上)。(　　　)

4. 踏步段总高度和踏步级数之间以";"分隔。(　　　)

5. 低端支座负筋＝斜段长＋h－保护层厚度＋0.35L_{ab}(0.6L_{ab})＋15d。(　　　)

6. FT 型楼梯由层间平板、踏步段和楼层平板构成。(　　　)

7. ATa 型 ATb 型楼梯为带滑动支座的板式楼梯。(　　　)

项目7 基础平法识图

项目要求：

1. 熟悉独立基础的平法识图。
2. 掌握独立基础平法施工图的制图规则和标注方式。
3. 具备独立基础的平法识图实操能力。
4. 了解条形基础、筏形基础、桩基承台的平法识图。

项目重点：独立基础施工图的制图规则和标注方式；独立基础的平法识图实操。

建议学时：4课时。

教学形式：配套使用16G101-3图集，采用引导文教学法。

任务7.1 基础平法识图实训任务单

1. 目的

学生根据梁、柱、板等平法识图的方法，独立地从平法图集16G101-3中获取信息，以个人或工作小组的形式进行讨论，自行决定并完成。教师需要提前完成引导文问题的答案，在学生完成任务后，将答案发给学生进行自检和互评，最后教师结合学生完成情况集中讲评，以此训练学生独立基础的平法识图实操能力。

2. 工作任务及信息来源

（1）图纸详见16G101-3第18页的采用平面注写方式表达的独立基础设计施工图示意图，第27页的采用平面注定方式表达的条形基础设计施工图示意，第36、37页的梁板式筏形基础平法图示。

（2）根据16G101-3的独立基础平法施工图制图规则和独立基础标准构造详图解答相关引导文问题。

任务7.2 引导文1——独立基础平法识读

1. 独立基础平法有几种注写方式？具体是什么？
2. 识读16G101-3第18页的采用平面注写方式表达的独立基础设计施工图示意，回答以下问题：

①图中有哪些构件？各自数量是多少？

②识读DJJ01：此基础是什么基础？有几阶？每阶的长×宽×高是多少？钢筋布置在什么位置？如何配置？

③识读DJJ02：此基础是什么基础？有几阶？每阶的长×宽×高是多少？钢筋布置在什么位置？如何配置？

④识读DJJ03：此基础是什么基础？有几阶？每阶的长×宽×高是多少？钢筋布置在什么位置？如何配置？

⑤识读DJJ04：此基础是什么基础？有几阶？每阶的长×宽×高是多少？钢筋布置在什么位置？如何配置？

⑥识读JL01：其名称是什么？有几跨？截面尺寸是多少？是如何配筋的？（提示：说明配筋时，先说集中标注，再说原位标注）

⑦识读JL01，与框架梁对比，说明基础梁与框架梁配筋的重要区别是什么？

⑧判断：附录3的G-02中的基础梁属于基础梁还是框架梁？

任务7.3 引导文2——独立基础平法构造

1. 独立基础底板配筋的起步位置在何处？
2. 在什么条件下，独立基础底板配筋长度可缩短10%？
3. 回答以下关于基础梁的问题：

（1）顶部通长筋在跨中有接头吗？连接区可以设在什么位置？

（2）底部贯通筋若有连接，其位置在何处？

（3）底部非贯通筋第一排、第二排的长度是多少？若有第三排非贯通筋，其长度的规定是什么？

（4）箍筋的起步距是多少？

（5）箍筋的加密区在什么位置？

（6）基础梁侧面纵筋搭接长度为多少？拉筋如何设置？

（7）识读16G101-3第18页的JL01，回答以下问题：

1）下部纵筋的形状是什么？上部纵筋的形状是什么？选用16G101-3第几页的哪个构造图？

2）若JL01（1B）改为JL01（1），则下部纵筋的形状是什么？上部纵筋的形状是什么？选用16G101-3第几页的哪个构造图？

任务7.4 引导文3
——了解条形基础、筏形基础、桩基承台识读

1. 条形基础平法有几种注写方式？具体是什么？条形基础包括哪些构件？
2. 识读16G101-3第27页的采用平面注写方式表达的条形基础设计施工图示意，回答以下问题：

（1）图中有哪些构件？各自数量是多少？

（2）识读TJB$_P$02（6B）：请问该构件的名称是什么，如何识读？有几跨？有无外伸？总厚度是多少？配筋布置在何处？如何配置？根据图中所给的信息，简单画出TJB$_P$02（6B）的横断面示意图。

（3）识读JL01（6B）：该构件的名称是什么？如何识读？有几跨？有无外伸？总厚度是多少？钢筋如何配置？

3. 梁板式筏形基础的注写方式是什么？梁板式筏形基础由哪些构件组成？

4. 识读16G101-3第36、37页，回答以下问题：

（1）JLXX（4B）是什么构件？有几跨？有无外伸？截面尺寸是多少？识读集中标注，说明配置

了哪些钢筋？识读原位标注，哪些钢筋相对于集中标注做了调整？哪个部位的钢筋包含了集中标注所示的贯通筋？

（2）JCLXX（3）是什么构件？有几跨？有无外伸？截面尺寸是多少？识读集中标注，说明配置了哪些钢筋？识读原位标注，说明配置了哪些钢筋？JCLXX（3）布置在哪种构件上？

（3）识读 JL01（6B）：该构件的名称是什么，如何识读？有几跨？有无外伸？总厚度是多少？如何配置钢筋？

（4）LPBXX 是什么构件？厚度是多少？钢筋如何配置？

5. 识读 16G101-3 第 94、95 页，回答以下问题：

（1）识读矩形承台 CT_J，图中配置了哪些钢筋？按图写出钢筋长度的公式。

（2）桩顶嵌入承台的高度的规定是什么？桩顶纵筋在承台内的锚固长度是多少？

（3）等边三桩承台 CT_J 是如何配筋的？

6. 识读附录 2 的 GS-4、GS-5 的 20 号住宅楼桩位、承台平面图和 20 号住宅楼桩基础详图，回答以下问题：

（1）图中桩有几种类型？各自数量是多少？

（2）识读 ZJ-1：其尺寸是多少？如何配筋？

（3）图中承台有几种类型？各自数量是多少？

（4）识读 CT1：其尺寸是多少？如何配筋？

【训练提高】

一、单项选择题

1. 独立基础编号"DJ_P"表示的独立基础类型是（　　　　）。

A. 普通阶形独立基础 　　　　B. 普通坡形独立基础

C. 杯口阶形独立基础 　　　　D. 杯口坡形独立基础

2. 当独立基础底板长度≥（　　　　）mm 时，除外侧钢筋外，其底板配筋长度可取相应方向底板长度的 0.9 倍。

A. 1500 　　　B. 2000 　　　C. 2500 　　　D. 3000

3. 某普通独立基础底板配筋集中标注为"B：X&Y Φ10@100"，在底板绑扎钢筋施工中第一根钢筋到基础边缘的起步距离为（　　　　）mm。

A. 50 　　　B. 75 　　　C. 100 　　　D. 150

4. 独立基础的集中标注分必注内容和选注内容，以下标注为选注内容的是（　　　　）。

A. 独立基础编号 　　　　B. 独立基础底面标高

C. 独立基础截面竖向尺寸 　　　　D. 独立基础底板配筋

5. 独立基础的配筋标注以"DZ"开头表示其后面标注为（　　　　）。

A. 独立基础底板底部配筋 　　　　B. 独立基础底板顶部配筋

C. 独立深基础短柱配筋 　　　　D. 独立基础底板其他构造配筋

二、判断题

1. 板式条形基础适用于钢筋混凝土剪力墙结构和砌体结构。（　　　　）

2. 基础梁 JL 的平面注写方式，分集中标注、截面标注、列表标注和原位标注四部分内容。（　　　　）

3. 筏形基础是建筑物与地基紧密接触的平板形的基础结构。筏形基础根据其构造的不同，又分为梁板式筏形基础和平板式筏形基础。（　　　　）

4. 平板式筏形基础是没有基础梁的筏形基础，构件编号为 LPB。（　　　　）

5. 无基础梁平板式筏形基础的配筋，分为柱下板带（ZSB）、跨中板带（KZB）两种配筋标注方式。（　　　　）

项目 8   综 合 实 训

项目要求：

1. 熟练应用梁、板、柱、楼梯、独立基础平法知识进行施工图识读，并计算相应的钢筋工程量。

2. 了解剪力墙、条形基础、筏形基础、桩基承台平法知识，具备相应施工图识读能力。

3. 具备造价人员岗位要求的钢筋平法及钢筋算量能力。

项目重点： 梁、板、柱、楼梯、独立基础平法识图及钢筋算量实操。

建议学时： 1周。

教学形式： 配套使用 16G101-3 图集，实训法。

任务 8.1   综合实训要求

1. 目的

通过钢筋工程量计算综合实训，使学生能进一步熟悉平法图集 16G101-1、16G101-2、16G101-3 平法规则和构造详图，培养学生识读平法施工图的能力，掌握钢筋工程量计算方法和技能。

2. 要求

（1）分组选取综合实训任务。教师根据学生情况选择综合实训任务 1、综合实训任务 2、综合实训任务 3。

（2）独立完成。在教师的指导下独立地完成综合实训任务要求的钢筋工程量的计算工作。

（3）采用统一表格。学生应在教师所提供的钢筋工程量计算表中完成各项计算。

（4）手工编制。学生在工程量计算表中进行具体的手工列式计算。

（5）时间要求：1周。

3. 资料

（1）附录 1 的建施图、结施图；附录 2 的建施图、结施图；

（2）平法图集 16G101-1、16G101-2、16G101-3；

（3）钢筋工程量计算表格，钢筋用量统计的表格。

4. 成果

钢筋工程量计算表；钢筋用量表。

任务 8.2   钢筋算量综合实训任务 1

计算下列图纸相关任务的钢筋工程量。

图纸资料：附录 1、附录 2、平法图集 16G101-1、16G101-2、16G101-3。

（1）计算附录 1 的结施-14 的出屋面楼梯间屋顶面板钢筋工程量；计算 16G101-1 图集第 41 页的 LB4 的钢筋工程量。

（2）计算 16G101-1 图集第 37 页的 KL6 钢筋工程量；计算 16G101-1 图集第 37 页的 L1 钢筋工程量。

（3）计算附录 1 的结施-09 的五层 KL13 钢筋工程量；计算附录 2 的 GS-08 的二层 KL-2（1A）的悬挑端钢筋工程量。

（4）计算附录 1 的结施-06 的 LZ1 钢筋工程量；计算附录 2 的 GS-12 的 TZ 钢筋工程量。

（5）计算附录 2 的 GS-12 的楼梯 TB5 的钢筋工程量。

检查、装档案袋，上交成果。

任务 8.3   钢筋算量综合实训任务 2

计算附录 1 的钢筋工程量。

（1）计算结施-05 中一～二层的 C～D 轴的柱钢筋工程量；

（2）计算结施-06 中屋顶楼梯间处的 LZ1 钢筋工程量；

（3）计算结施-08 中二层全部梁的钢筋工程量；

（4）计算结施-13 中外墙周边所设挑耳的钢筋工程量；

（5）计算结施-13 中的①～②×A～C 轴屋面板钢筋工程量；

（6）计算结施-03 的独立基础 J-6 的钢筋工程量。

任务 8.4   钢筋算量综合实训任务 3

计算附录 2 的钢筋工程量。

（1）计算 GS-7 中 KZ1 的钢筋工程量；

（2）计算 GS-8 中二层结构平面布置图⑤～⑧楼梯外的雨篷板钢筋工程量；

（3）计算 GS-08 中二层⑱轴～㉓轴×A～D 轴全部梁的钢筋工程量；

（4）计算 GS-08 中二层剪力墙 Q1 的钢筋工程量；

（5）计算 GS-04 中桩承台 CT1 的钢筋工程量；

（6）计算 GS-12 中楼梯板 TB3 的钢筋工程量。

附录 1　某小学教学建施图、结施图

建施图纸目录

序号	图号	图纸名称	图幅	页码
1	建施-01	建筑设计总明、总平面布置	A3	40
2	建施-02	底层平面图、门窗表	A3	41
3	建施-03	二～四层平面图、走廊栏杆混凝土压顶不锈钢护栏立面示意	A3	42
4	建施-04	五层平面图	A3	43
5	建施-05	屋面平面图、楼梯间顶面平面图	A3	44
6	建施-06	⑩-①轴立面图	A3	45
7	建施-07	①-⑩轴立面图	A3	46
8	建施-08	Ⓐ-Ⓓ轴立面图、Ⓓ-Ⓐ轴立面图	A3	47
9	建施-09	1-1 剖面图、2-2 剖面图	A3	48

结施图纸目录

序号	图号	图纸名称	图幅	页码
1	结施-01	基础平面图、结构设计总说明	A3	49
2	结施-02	J-1、J-2、J-3、J-4	A3	50
3	结施-03	J-5、J-6	A3	51
4	结施-04	基础地梁配筋平面图	A3	52
5	结施-05	一～二层柱配筋平面图、KZ 与砖墙拉结筋示意、KZ 在三层楼面变截面示意	A3	53
6	结施-06	三～五层柱配筋平面图、出屋面楼梯间柱配筋平面图	A3	54
7	结施-07	二～五层楼面板板厚图	A3	55
8	结施-08	二～四层楼面梁配筋平面图、框架梁与走廊挑梁高差示意、大于等于 1500 宽窗过梁	A3	56
9	结施-09	五层楼面梁配筋平面图	A3	57
10	结施-10	屋面梁配筋平面图、屋面梁上立柱示意	A3	58
11	结施-11	二～四层楼面板配筋图、板角附加抗裂下面低筋示意、板角附加抗裂上面底筋示意	A3	59
12	结施-12	五层楼面板配筋图	A3	60
13	结施-13	屋面板配筋图、屋面板结构找坡示意	A3	61
14	结施-14	出屋面楼梯间顶面板配筋平面图、出屋面楼梯间顶面梁配筋平面图、屋面板板厚图、KL-48(1A)示意	A3	62
15	结施-15	二～五层楼梯结构平面、底层楼梯结构平面、楼梯配筋、雨篷、TL-1	A3	63

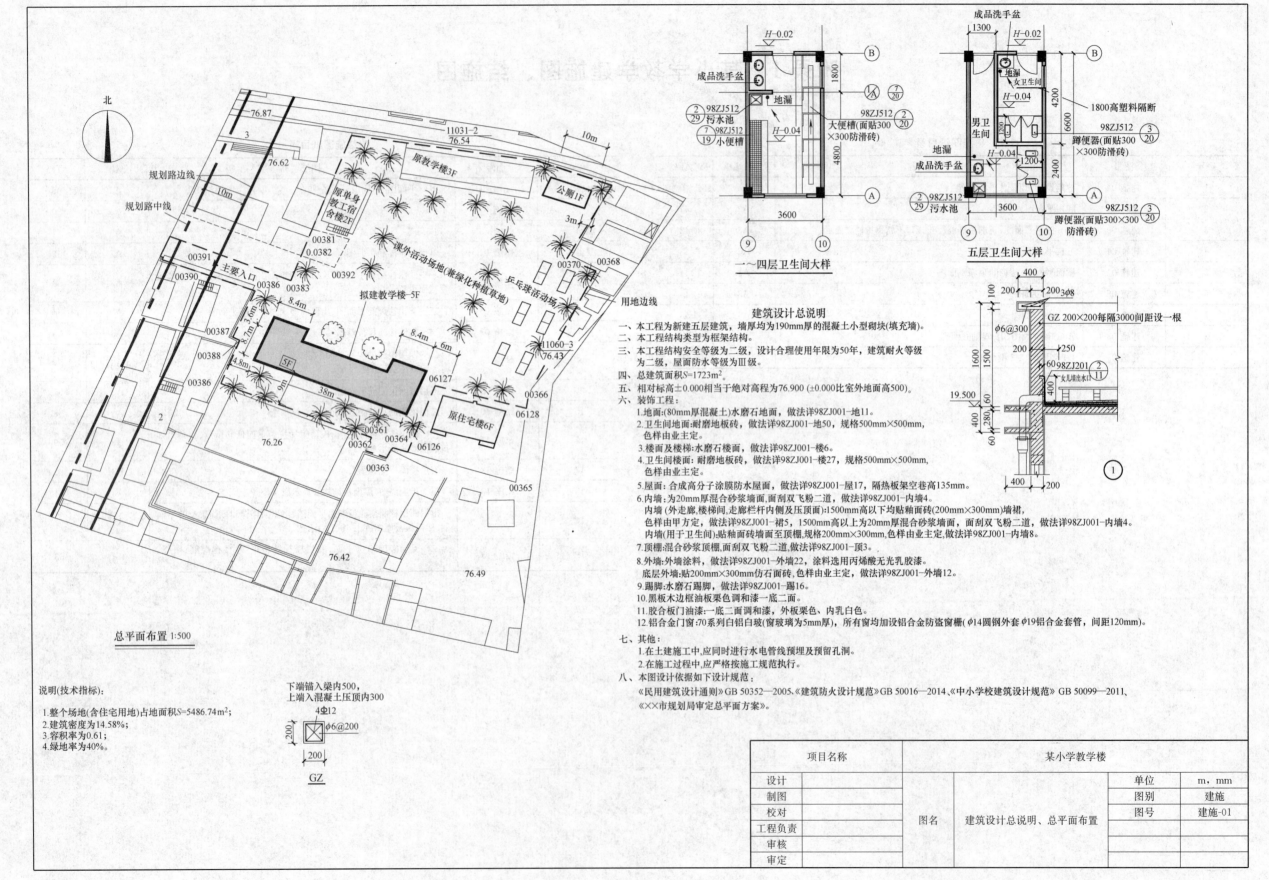

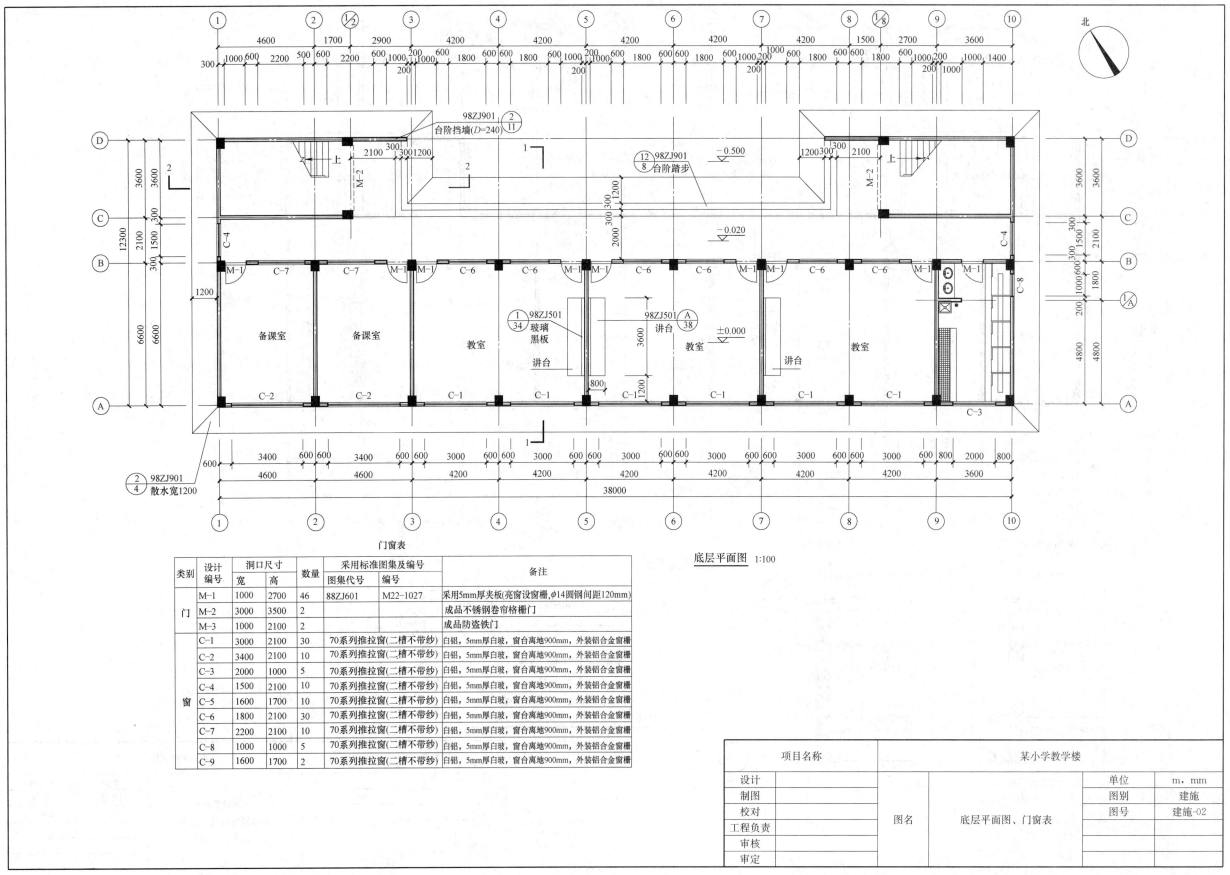

门窗表

类别	设计编号	洞口尺寸 宽	洞口尺寸 高	数量	采用标准图集及编号 图集代号	采用标准图集及编号 编号	备注
门	M-1	1000	2700	46	88ZJ601	M22-1027	采用5mm厚夹板(亮窗设窗栅,φ14圆钢间距120mm)
	M-2	3000	3500	2			成品不锈钢卷帘格栅门
	M-3	1000	2100	2			成品防盗铁门
窗	C-1	3000	2100	30			白铝,5mm厚白玻,窗台离地900mm,外装铝合金窗栅
	C-2	3400	2100	10			白铝,5mm厚白玻,窗台离地900mm,外装铝合金窗栅
	C-3	2000	1000	5			白铝,5mm厚白玻,窗台离地900mm,外装铝合金窗栅
	C-4	1500	2100	10			白铝,5mm厚白玻,窗台离地900mm,外装铝合金窗栅
	C-5	1600	1700	10			白铝,5mm厚白玻,窗台离地900mm,外装铝合金窗栅
	C-6	1800	2100	30			白铝,5mm厚白玻,窗台离地900mm,外装铝合金窗栅
	C-7	2200	2100	10			白铝,5mm厚白玻,窗台离地900mm,外装铝合金窗栅
	C-8	1000	1000	5			白铝,5mm厚白玻,窗台离地900mm,外装铝合金窗栅
	C-9	1600	1700	2			白铝,5mm厚白玻,窗台离地900mm,外装铝合金窗栅

底层平面图 1:100

项目名称		某小学教学楼		
设计			单位	m,mm
制图			图别	建施
校对			图号	建施-02
工程负责	图名	底层平面图、门窗表		
审核				
审定				

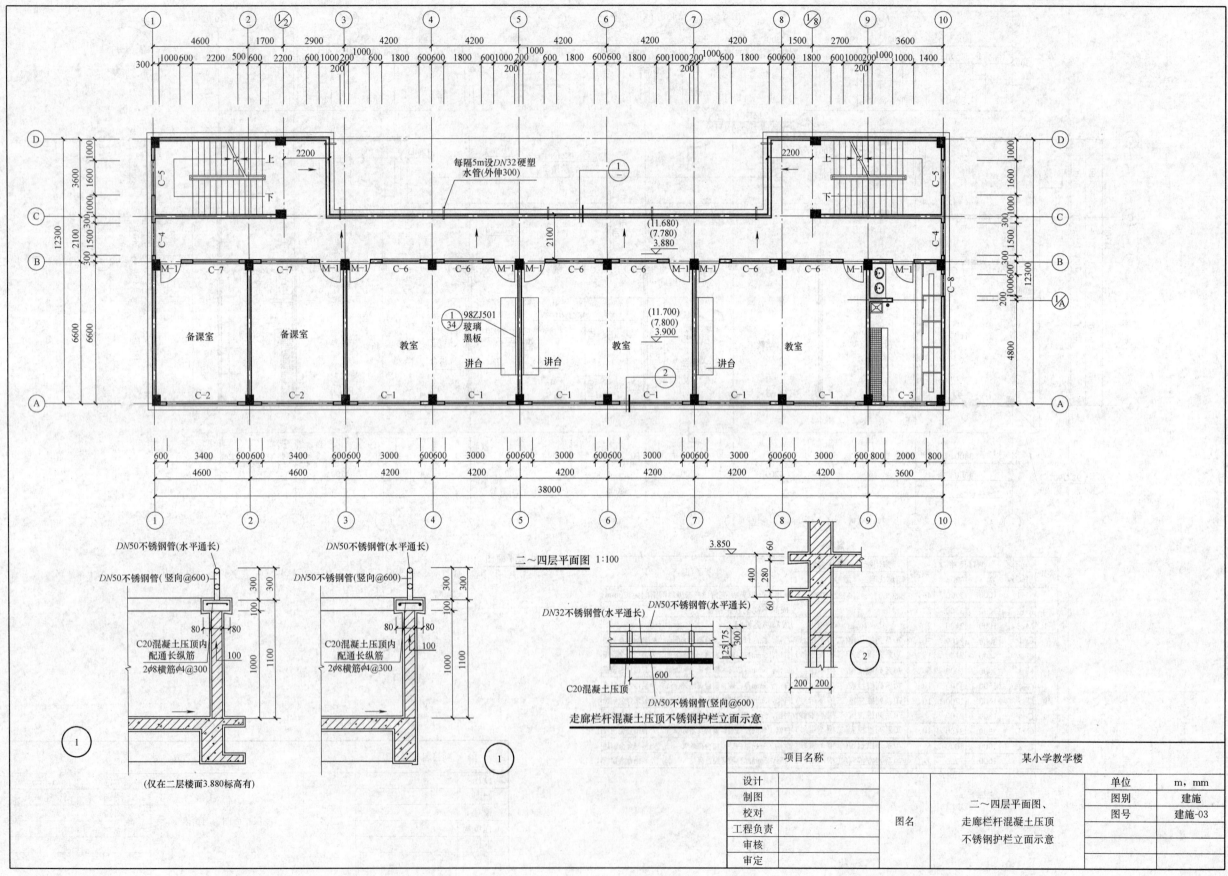

二~四层平面图 1:100

DN50不锈钢管(水平通长)

DN50不锈钢管(竖向@600)

C20混凝土压顶内
配通长纵筋
2φ8横筋φ4@300

(仅在二层楼面3.880标高有)

走廊栏杆混凝土压顶不锈钢护栏立面示意

DN32不锈钢管(水平通长)
DN50不锈钢管(水平通长)
C20混凝土压顶
DN50不锈钢管(竖向@600)

每隔5m设DN32硬塑
水管(外伸300)

98ZJ501
玻璃
黑板

备课室   备课室   教室   讲台   讲台   教室   讲台   教室

项目名称		某小学教学楼
设计		单位	m，mm
制图		图别	建施
校对		图号	建施-03
工程负责	图名	二~四层平面图、走廊栏杆混凝土压顶不锈钢护栏立面示意	
审核			
审定			

42

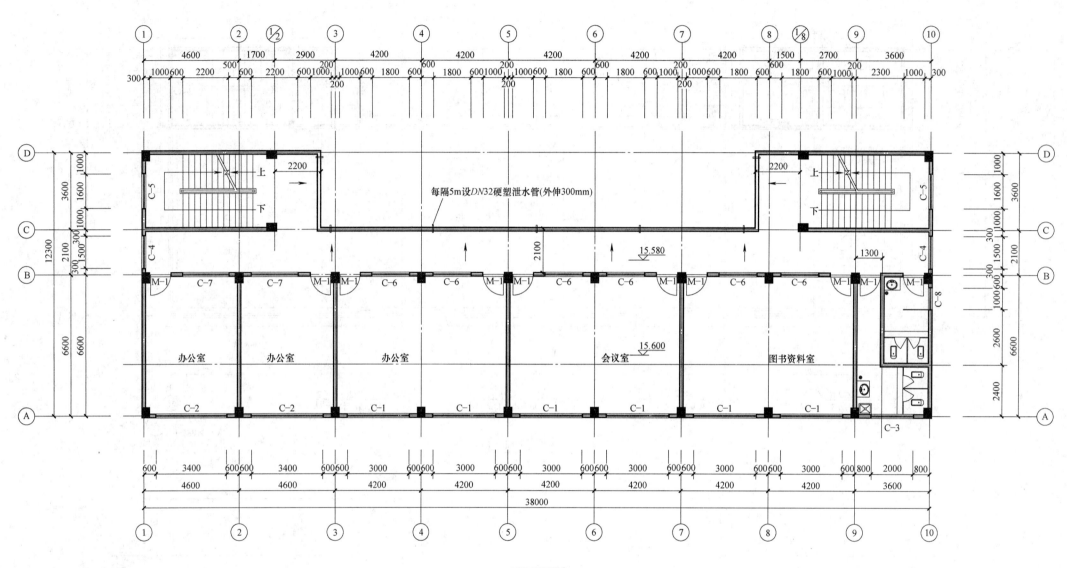

每隔5m设DN32硬塑泄水管(外伸300mm)

办公室　　　办公室　　　办公室　　　　　　会议室　　　　图书资料室

五层平面图 1:100

项目名称		某小学教学楼			
设计				单位	m，mm
制图				图别	建施
校对		图名	五层平面图	图号	建施-04
工程负责					
审核					
审定					

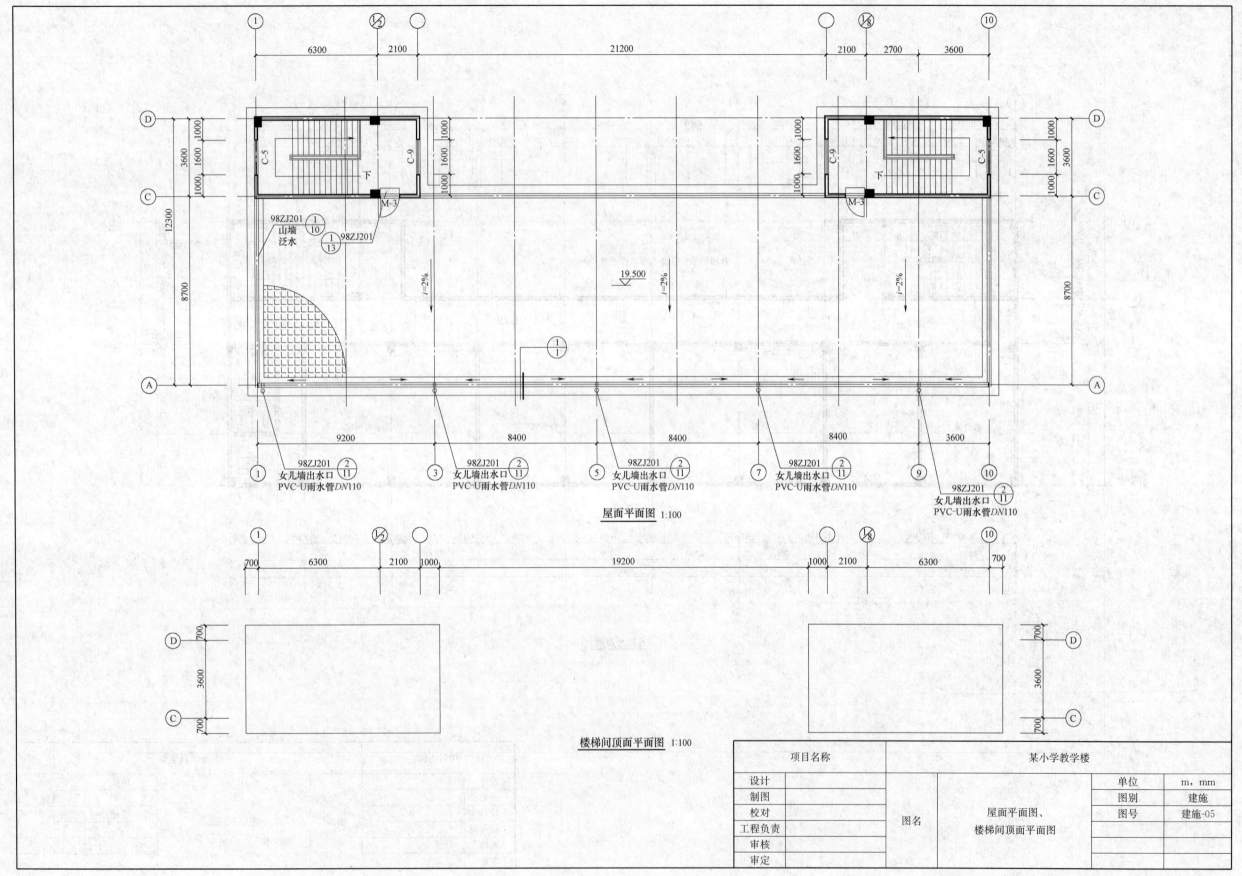

屋面平面图 1:100

98ZJ201
山墙
泛水

19.500

98ZJ201
女儿墙出水口
PVC-U雨水管DN110

98ZJ201
女儿墙出水口
PVC-U雨水管DN110

98ZJ201
女儿墙出水口
PVC-U雨水管DN110

98ZJ201
女儿墙出水口
PVC-U雨水管DN110

98ZJ201
女儿墙出水口
PVC-U雨水管DN110

楼梯间顶面平面图 1:100

项目名称		某小学教学楼	
设计			单位	m，mm
制图			图别	建施
校对		图名	图号	建施-05
工程负责		屋面平面图、		
审核		楼梯间顶面平面图		
审定				

44

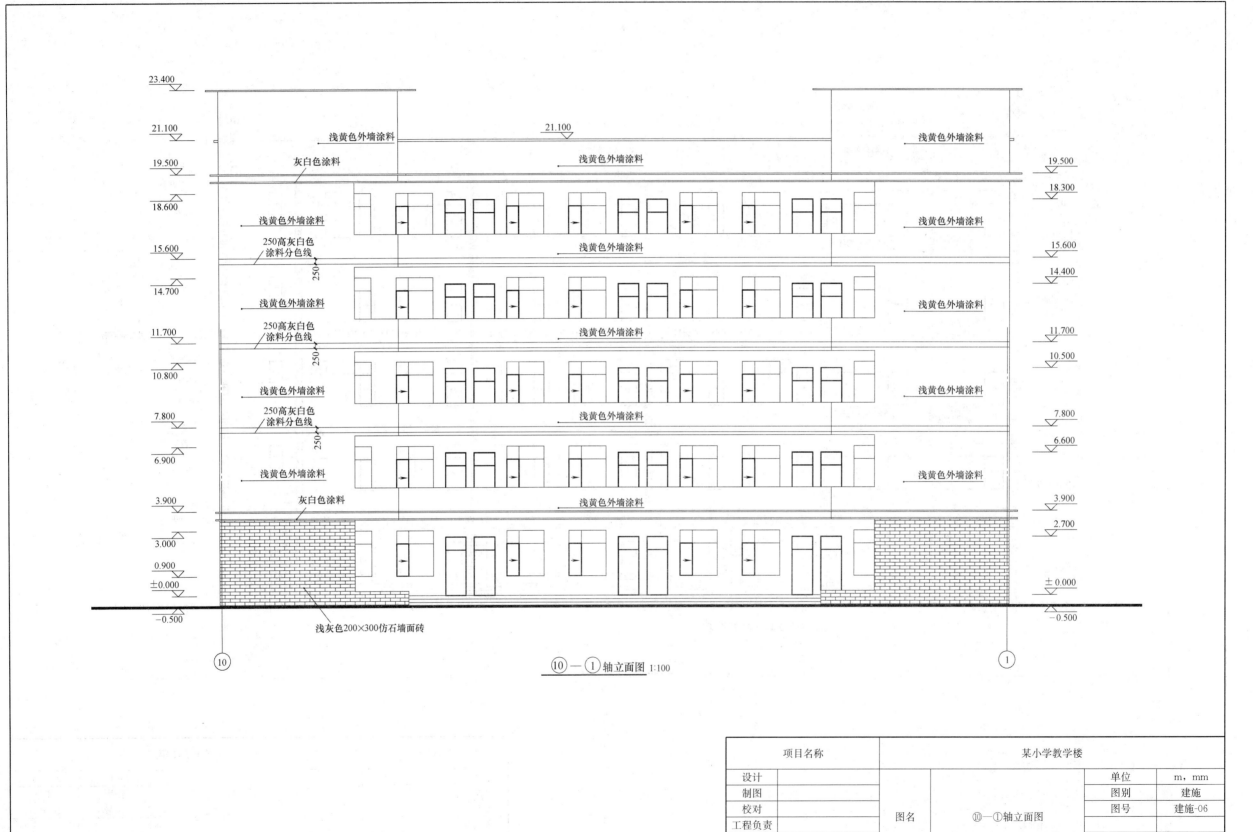

浅黄色外墙涂料

灰白色涂料

浅黄色外墙涂料

浅黄色外墙涂料

250高灰白色涂料分色线

浅黄色外墙涂料

250高灰白色涂料分色线

浅黄色外墙涂料

250高灰白色涂料分色线

浅黄色外墙涂料

灰白色涂料

23.400
21.100
19.500
18.600
15.600
14.700
11.700
10.800
7.800
6.900
3.900
3.000
0.900
±0.000
−0.500

21.100

浅黄色外墙涂料

浅黄色外墙涂料

浅黄色外墙涂料

浅黄色外墙涂料

浅黄色外墙涂料

浅黄色外墙涂料

浅黄色外墙涂料

浅黄色外墙涂料

浅黄色外墙涂料

浅黄色外墙涂料

浅黄色外墙涂料

19.500
18.300
15.600
14.400
11.700
10.500
7.800
6.600
3.900
2.700
±0.000
−0.500

浅灰色200×300仿石墙面砖

⑩

①

⑩ — ① 轴立面图 1:100

项目名称		某小学教学楼			
设计				单位	m，mm
制图				图别	建施
校对		图名	⑩—①轴立面图	图号	建施-06
工程负责					
审核					
审定					

浅黄色外墙涂料

灰白色涂料

浅黄色外墙涂料

灰白色涂料

250高灰白色
涂料分色线

浅黄色外墙涂料

浅灰色200×300仿石墙面砖

250高灰白色
涂料分色线

浅黄色外墙涂料

250高灰白色
涂料分色线

浅黄色外墙涂料

灰白色涂料

浅黄色外墙涂料

浅灰色200×300仿石墙面砖

浅灰色200×300仿石墙面砖

浅灰色200×300仿石墙面砖

浅灰色200×300仿石墙面砖

23.400
21.100
19.500
18.600
16.500
15.600
14.700
12.600
11.700
10.800
8.700
7.800
6.900
4.800
3.900
3.000
0.900
±0.000
−0.500

19.500
18.600
17.600
14.700
13.700
10.800
9.800
6.900
5.900
3.000
2.000

① ①—⑩轴立面图 1:100

① ⑩

浅灰色200×300仿石墙面砖

项目名称		某小学教学楼		
设计			单位	m，mm
制图			图别	建施
校对	图名	①—⑩轴立面图	图号	建施-07
工程负责				
审核				
审定				

46

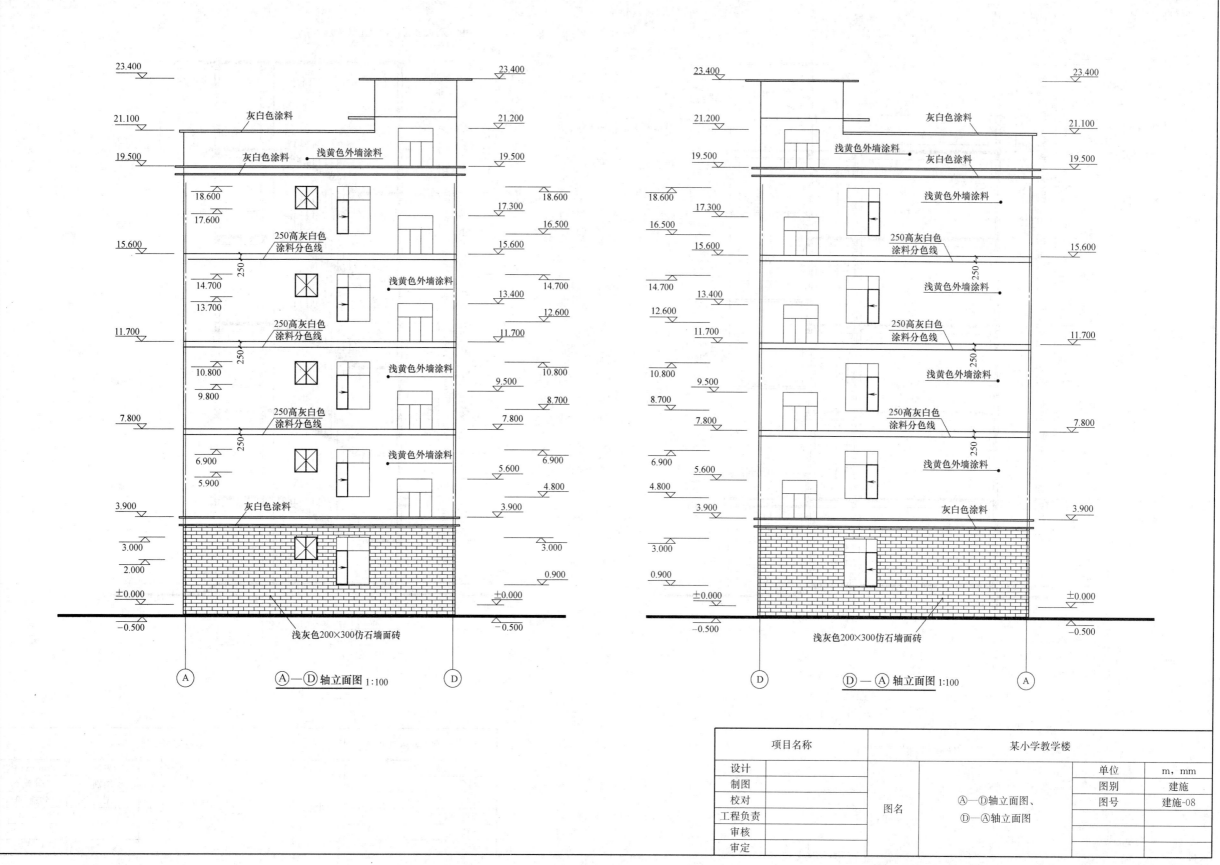

灰白色涂料
浅黄色外墙涂料
250高灰白色涂料分色线
浅黄色外墙涂料
250高灰白色涂料分色线
浅黄色外墙涂料
250高灰白色涂料分色线
浅黄色外墙涂料
灰白色涂料
浅灰色200×300仿石墙面砖

Ⓐ—Ⓓ轴立面图 1:100

灰白色涂料
浅黄色外墙涂料
浅黄色外墙涂料
250高灰白色涂料分色线
浅黄色外墙涂料
250高灰白色涂料分色线
浅黄色外墙涂料
250高灰白色涂料分色线
浅黄色外墙涂料
灰白色涂料
浅灰色200×300仿石墙面砖

Ⓓ—Ⓐ轴立面图 1:100

项目名称		某小学教学楼		
设计			单位	m，mm
制图			图别	建施
校对	图名	Ⓐ—Ⓓ轴立面图、Ⓓ—Ⓐ轴立面图	图号	建施-08
工程负责				
审核				
审定				

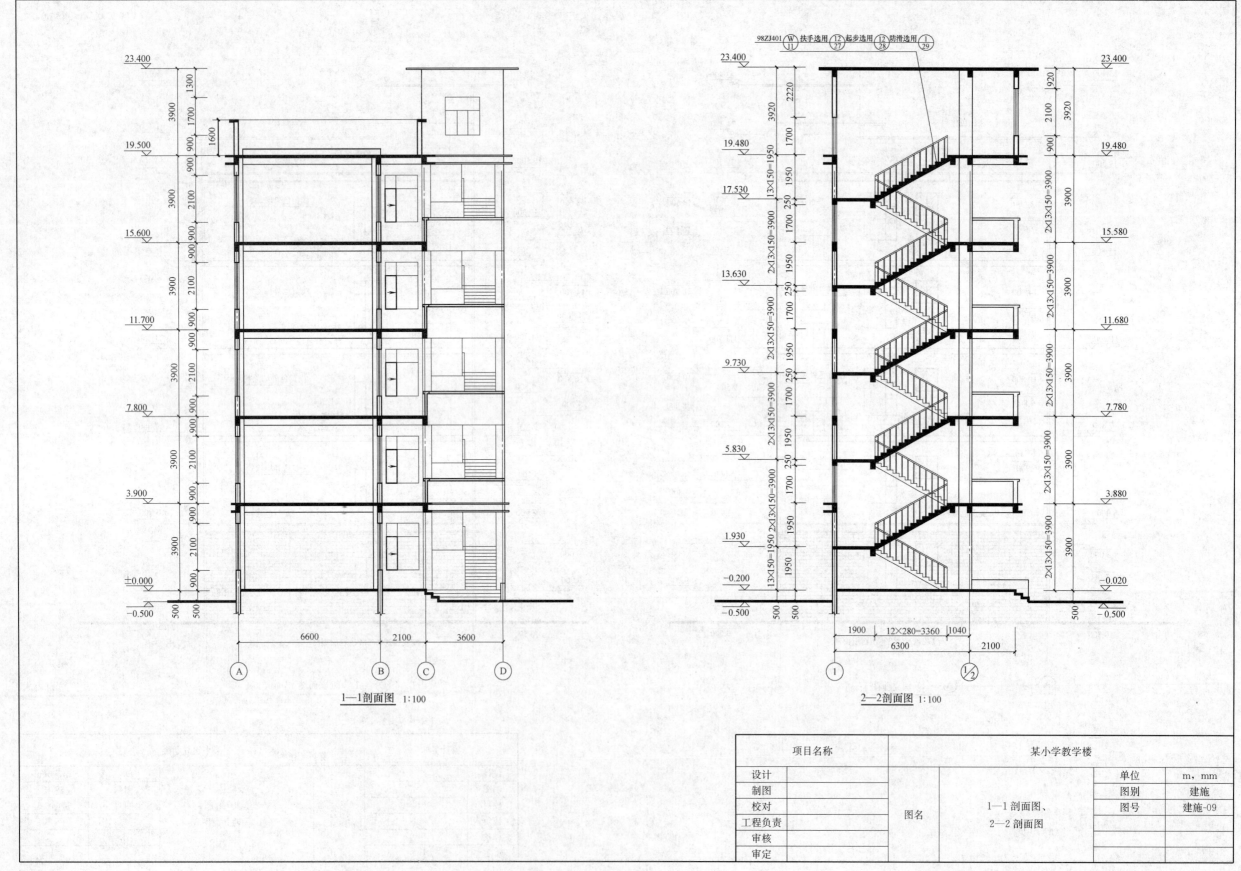

1—1剖面图 1:100

2—2剖面图 1:100

项目名称			某小学教学楼	
设计				单位	m，mm
制图				图别	建施
校对		图名	1—1剖面图、	图号	建施-09
工程负责			2—2剖面图		
审核					
审定					

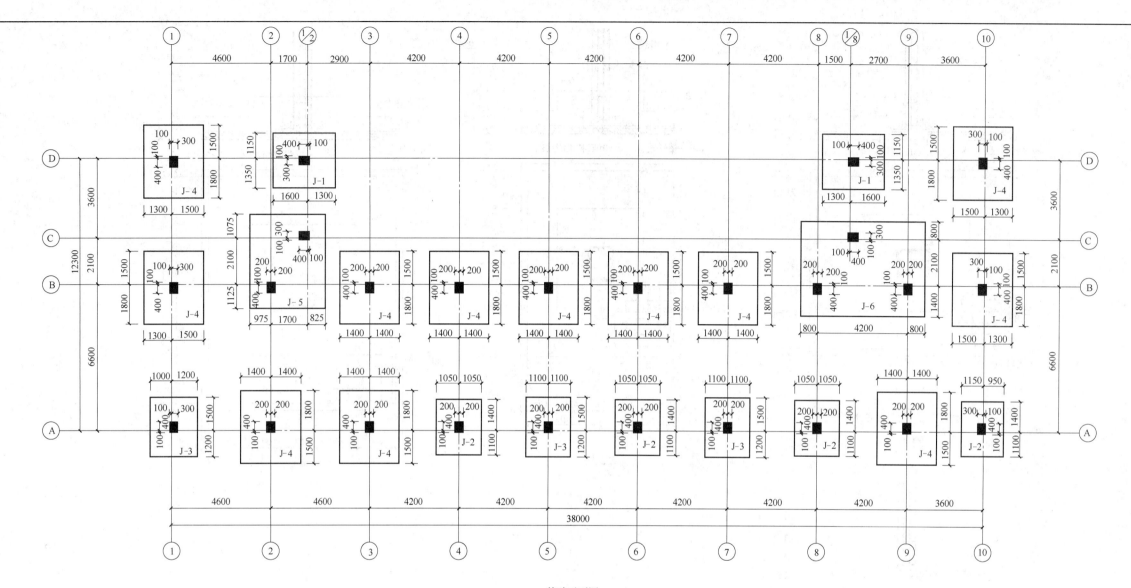

基础平面图 1:100

结构设计总说明

1.本工程为五层全框架结构，设防烈度为六度，抗震等级为四级。
2.本工程结构安全等级为二级，地基基础设计等级为丙级，设计使用年限为50年。
3.基础及梁、柱、板混凝土强度等级为C25，钢筋牌号为HPB300级，HRB335级。
4.砖砌墙体采用M5混合砂浆砌Mu5混凝土小型砌块。
5.小型砖块墙在无钢筋混凝土的L形、T形交接部位设芯柱，用C20混凝土灌孔，
　L形灌3孔，T形灌4孔，每孔内设Φ12钢筋1根，上下锚入梁内或板内500mm。
6.小型砌块墙长度为墙高的1.5~2倍以上时，应在墙中设芯柱，用C20混凝土灌1孔，孔内设Φ12钢筋1根，
　上下锚入梁内或板内500mm。
7.板非受力分布筋为Φ6@200，底板筋长为板跨轴长+100mm。
8.基础底板混凝土保护层为40mm，梁混凝土保护层为25mm，柱混凝土保护层为30mm，板混凝土保护层为15mm。
9.沿KZ高度方向每每400mm高设2Φ6墙体拉结筋，每边入墙1200mm，入柱200mm，如遇门窗洞则在洞边处折断。
10.如KL不兼作门窗过梁时，当门窗洞宽大于及等于1500mm时采用钢筋混凝土过梁，当门窗洞宽小于1500mm时采用钢筋砖过梁，配3Φ8，每边入墙250mm。
11.本图所标注的柱平面表示法、梁平面表示法中受力筋搭接、锚固长度、箍筋加密、箍筋形式等要求，均按中国建筑标准设计研究院的
　《混凝土结构施工图平面整体表示方法制图规则和构造详图》11G101要求。

12.本图设计依据如下设计规范：
　《建筑结构荷载规范》GB 50009—2012
　《建筑抗震设计规范》GB 50011—2010
　《混凝土结构设计规范》GB 50010—2010
　《建筑地基基础设计规范》GB 50007—2011
　《砌体结构设计规范》GB 50003—2011
13.活荷载(可变荷载)标准值取值如下：
　楼面：q=2.0kN/m·m
　上人屋面：q=2.0kN/m·m
　楼梯、走廊：q=2.5kN/m·m
　风荷载基本风压：W=0.35kN/m·m

项目名称			某小学教学楼		
设计				单位	m，mm
制图				图别	结施
校对		图名	基础平面图、结构设计总说明	图号	结施-01
工程负责					
审核					
审定					

49

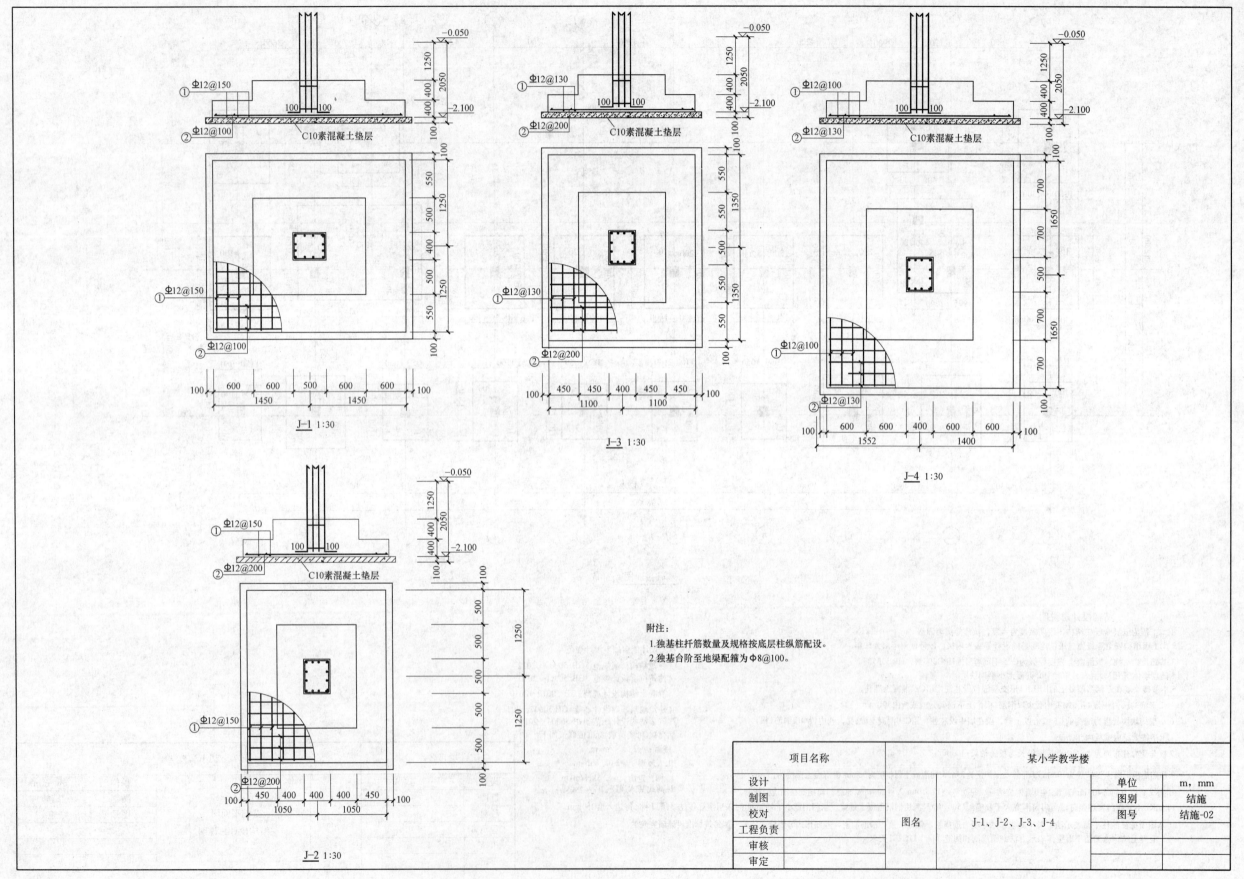

附注:
1.独基柱插筋数量及规格按底层柱纵筋配设。
2.独基台阶至地梁配箍为Φ8@100。

J-1 1:30

J-2 1:30

J-3 1:30

J-4 1:30

C10素混凝土垫层

项目名称	某小学教学楼		
设计		单位	m, mm
制图		图别	结施
校对	图名	图号	结施-02
工程负责	J-1、J-2、J-3、J-4		
审核			
审定			

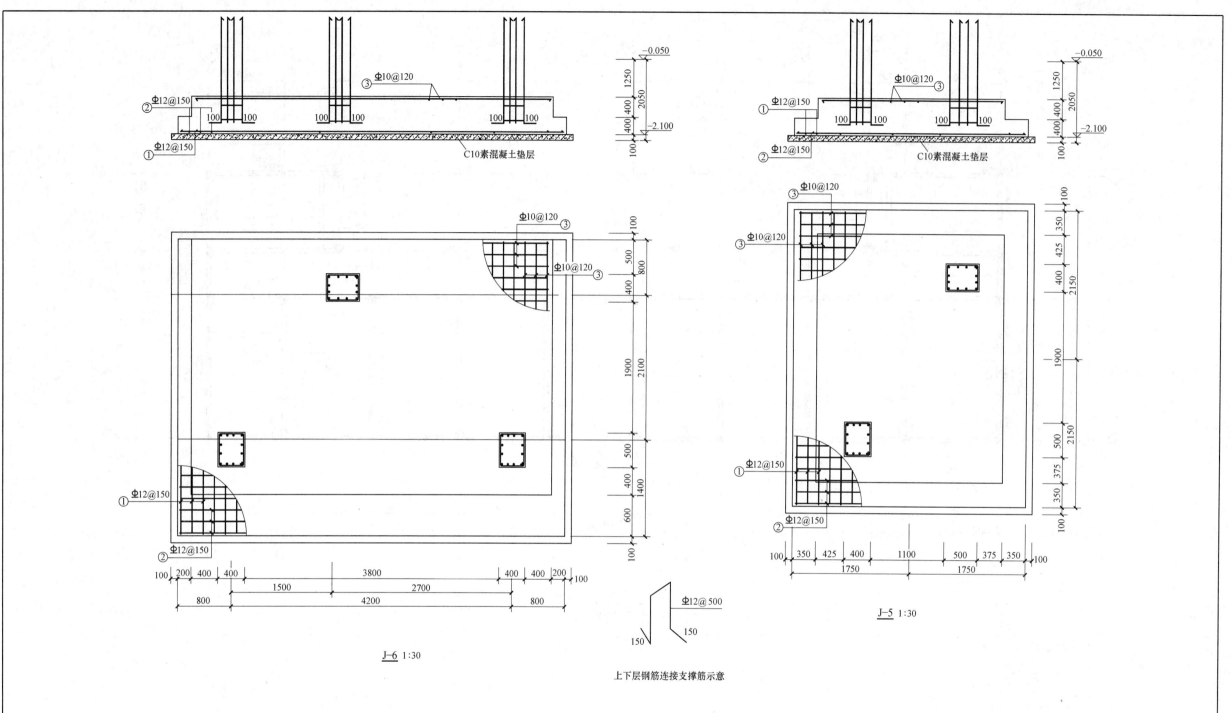

Φ10@120 ③

Φ12@150 ②

Φ12@150 ①

-0.050

1250
2050
400 400
-2.100
100

C10素混凝土垫层

Φ10@120 ③

Φ12@150 ①

Φ12@150 ②

-0.050

1250
2050
400 400
-2.100
100

C10素混凝土垫层

Φ10@120 ③

Φ10@120 ③

Φ12@150 ①

Φ12@150 ②

100
500 800
400
1900 2100
500
400 1400
600
100

100 200 400 400   3800   400 400 200 100
1500   2700
800   4200   800

J-6 1:30

Φ12@500

150   150

上下层钢筋连接支撑筋示意

③ Φ10@120

③ Φ10@120

① Φ12@150

② Φ12@150

100
350
425
400 2150
1900 2150
500
375
350
100

100 350 425 400   1100   500 375 350 100
1750   1750

J-5 1:30

附注:
1.独基柱扦筋数量及规格按底层柱纵筋配设。
2.独基台阶至地梁配箍为Φ8@100。

项目名称		某小学教学楼			
设计				单位	m，mm
制图		图名	J-5、J-6	图别	结施
校对				图号	结施-03
工程负责					
审核					
审定					

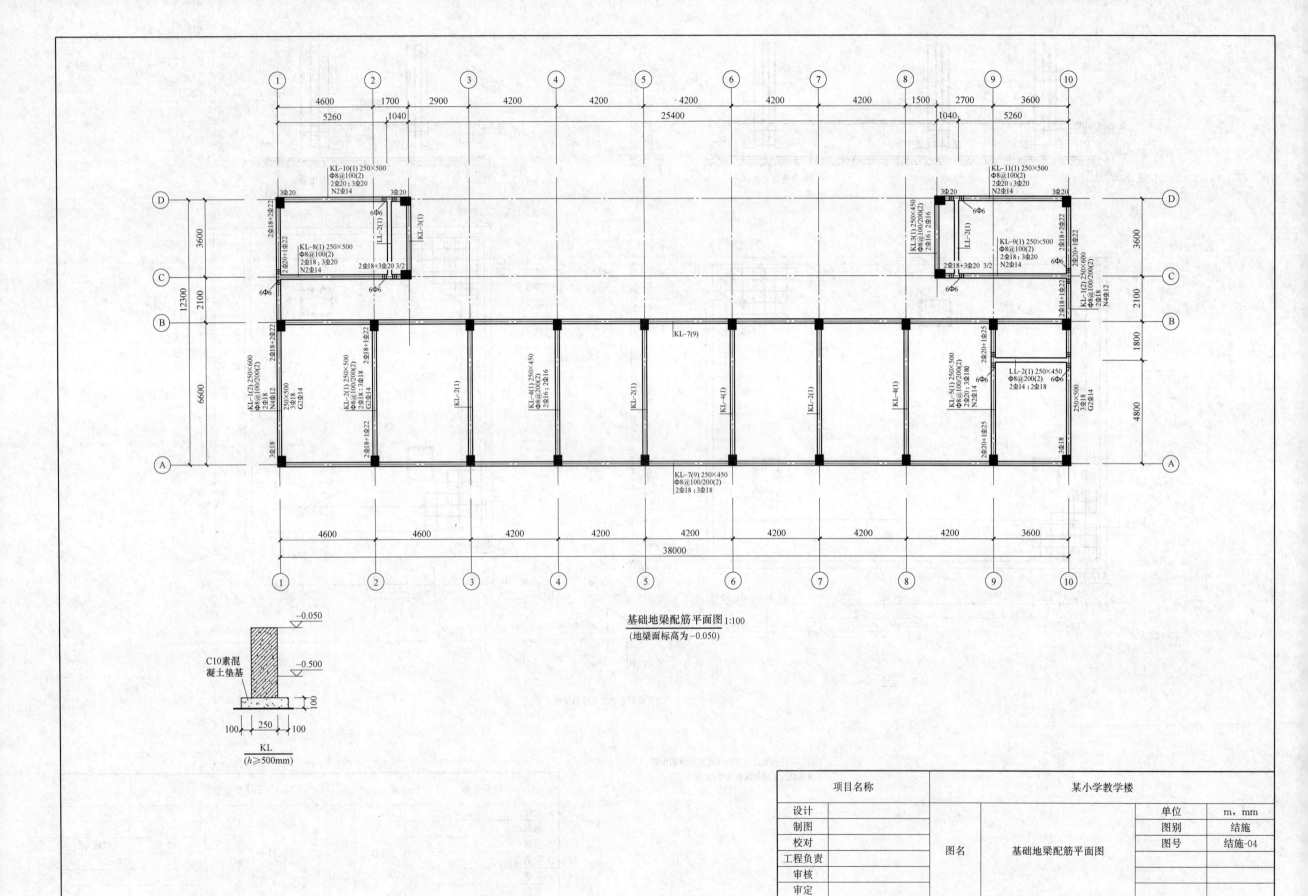

基础地梁配筋平面图 1:100
(地梁面标高为-0.050)

KL-10(1) 250×500
Φ8@100(2)
2Φ20；3Φ20   N2Φ14

KL-11(1) 250×500
Φ8@100(2)
2Φ20；3Φ20   N2Φ14

KL-8(1) 250×500
Φ8@100(2)
2Φ18；3Φ20
N2Φ14

KL3(1) 250×450
Φ8@100/200(2)
2Φ16；2Φ16

KL-9(1) 250×500
Φ8@100(2)
2Φ18；3Φ20
N2Φ14

KL-1(2) 250×600
Φ8@100/200(2)
2Φ18
N4Φ12

KL-1(2) 250×600
Φ8@100/200(2)
2Φ18
N4Φ12

KL-2(1) 250×500
Φ8@100/200(2)
2Φ18；3Φ18
G2Φ14

KL-4(1) 250×450
Φ8@200(2)
2Φ16；2Φ16

KL-5(1) 250×500
Φ8@100/200(2)
N2Φ14

LL-2(1) 250×450
Φ8@200(2)
2Φ14；2Φ18

KL-7(9)

KL-7(9) 250×450
Φ8@100/200(2)
2Φ18；3Φ18

项目名称 | 某小学教学楼

			单位	m，mm
设计			图别	结施
制图			图号	结施-04
校对		图名 基础地梁配筋平面图		
工程负责				
审核				
审定				

52

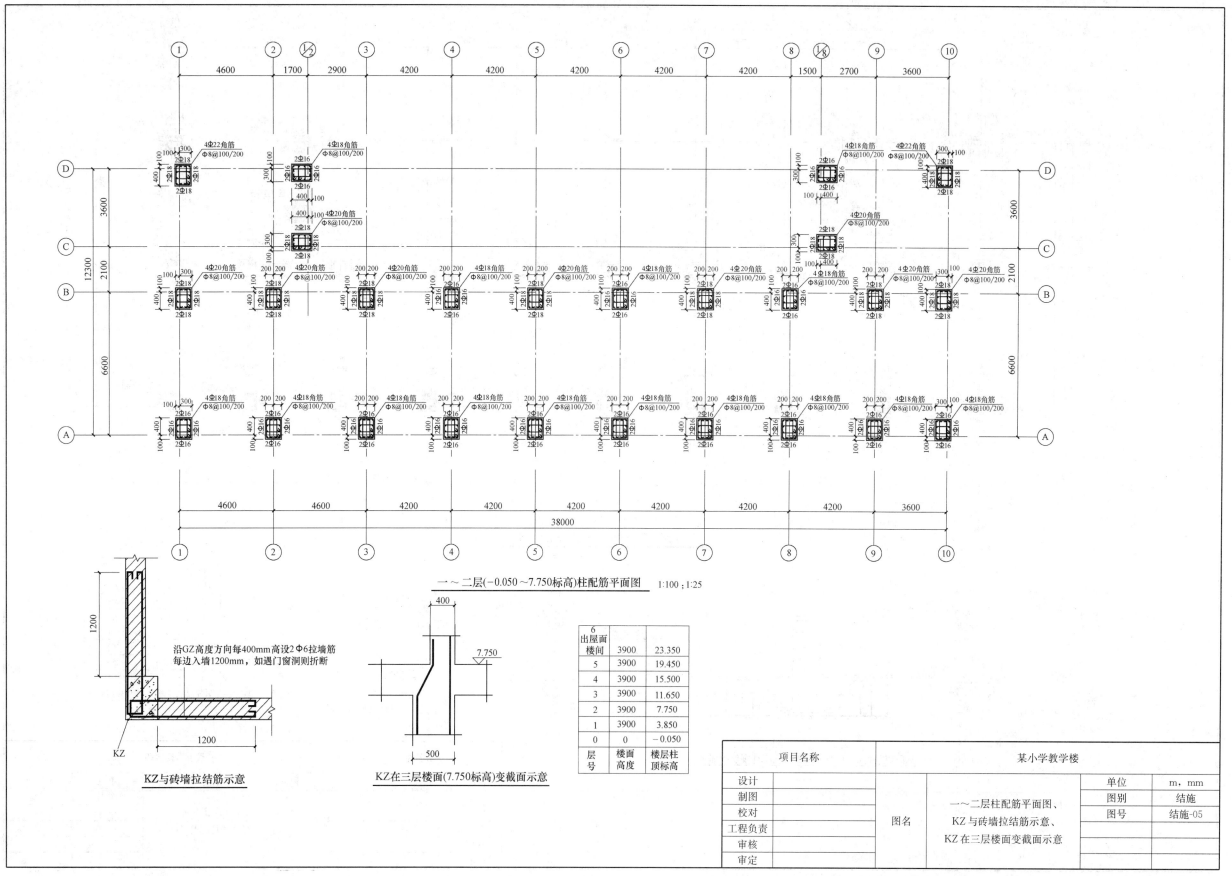

一～二层(-0.050～7.750标高)柱配筋平面图　1:100；1:25

沿GZ高度方向每400mm高设2Φ6拉墙筋
每边入墙1200mm，如遇门窗洞则折断

KZ与砖墙拉结筋示意

KZ在三层楼面(7.750标高)变截面示意

6 出屋面		
出屋面 楼间	3900	23.350
5	3900	19.450
4	3900	15.500
3	3900	11.650
2	3900	7.750
1	3900	3.850
0		-0.050
层号	楼面 高度	楼层柱 顶标高

项目名称		某小学教学楼		
设计			单位	m，mm
制图		一～二层柱配筋平面图、 KZ与砖墙拉结筋示意、 KZ在三层楼面变截面示意	图别	结施
校对			图号	结施-05
工程负责	图名			
审核				
审定				

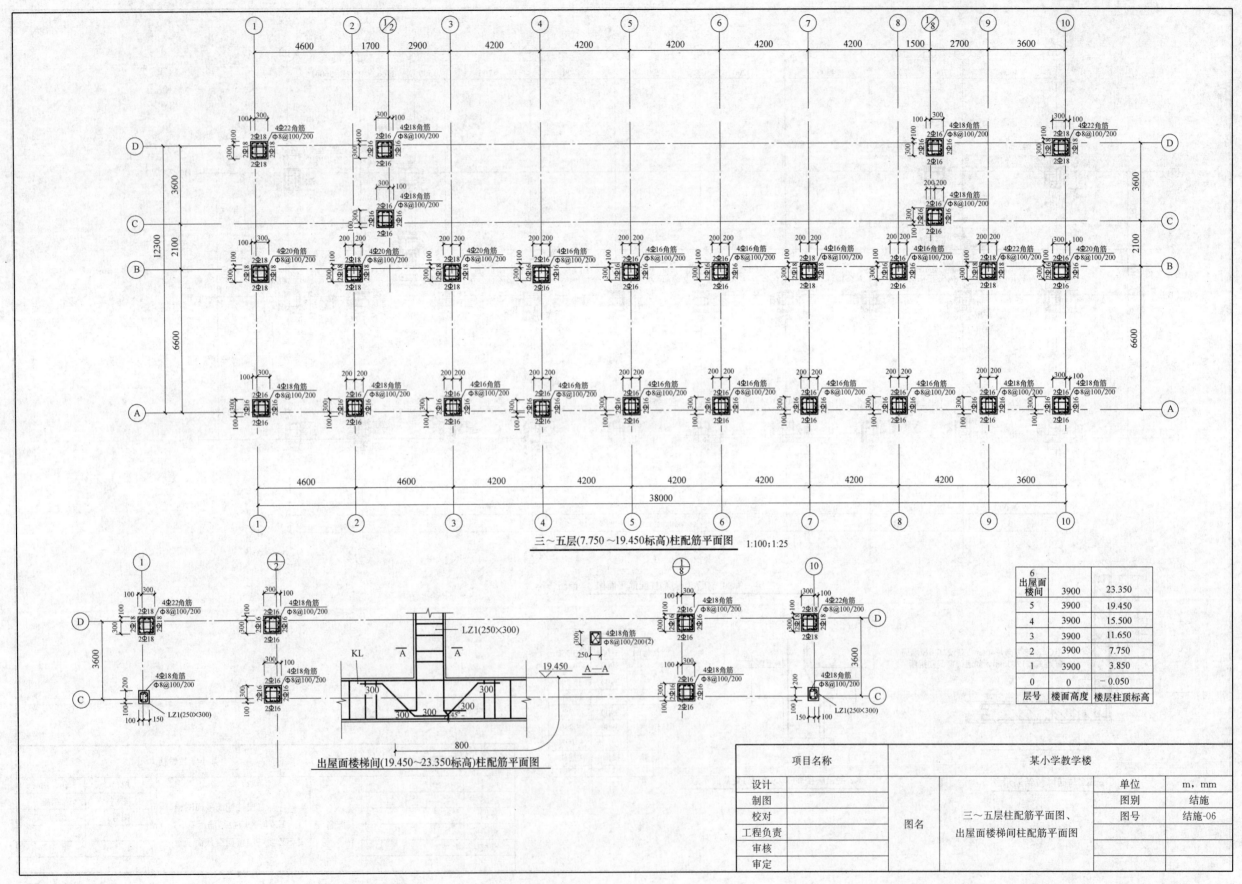

三~五层(7.750~19.450标高)柱配筋平面图　1:100;1:25

出屋面楼梯间(19.450~23.350标高)柱配筋平面图

6 出屋面楼间		
5	3900	23.350
4	3900	19.450
3	3900	15.500
2	3900	11.650
1	3900	7.750
0	0	3.850
层号	楼面高度	楼层柱顶标高

※ 表中第6行第2、3列为 3900 / 23.350, 其下 -0.050 对应 0 行

		项目名称		某小学教学楼	
设计				单位	m，mm
制图				图别	结施
校对		图名	三~五层柱配筋平面图、出屋面楼梯间柱配筋平面图	图号	结施-06
工程负责					
审核					
审定					

54

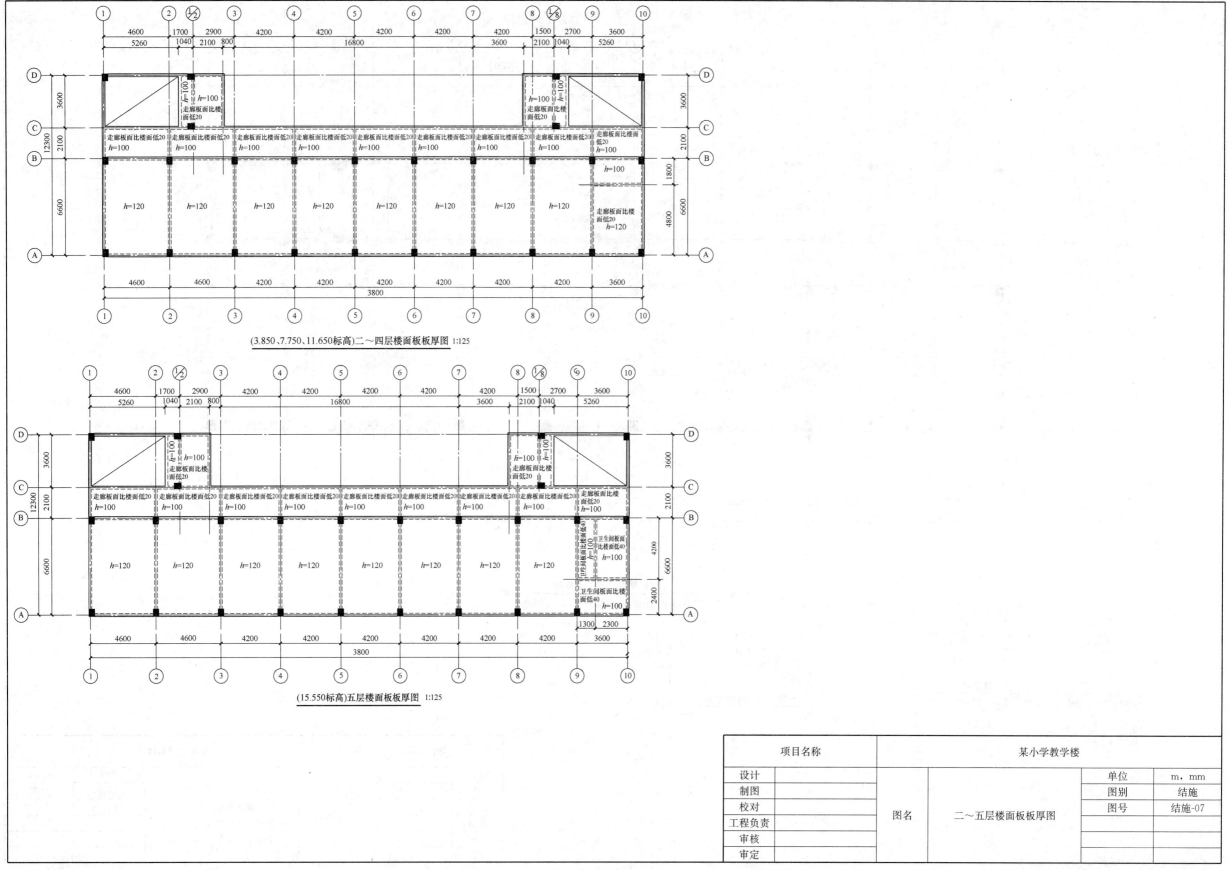

(3.850、7.750、11.650标高)二~四层楼面板板厚图 1:125

(15.550标高)五层楼面板板厚图 1:125

项目名称		某小学教学楼		
设计			单位	m，mm
制图			图别	结施
校对		图名	图号	结施-07
工程负责		二~五层楼面板板厚图		
审核				
审定				

55

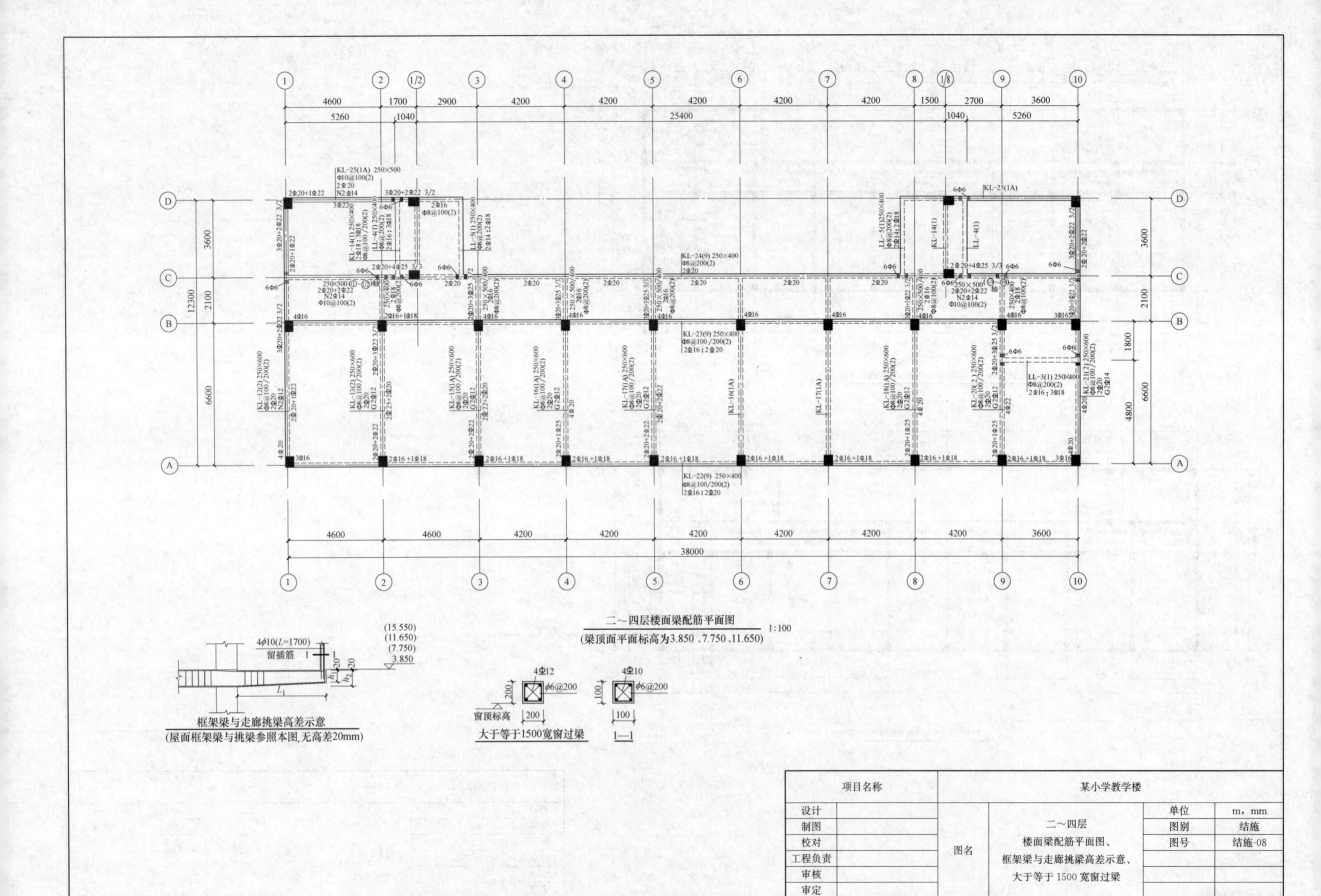

二～四层楼面梁配筋平面图 1:100

(梁顶面平面标高为3.850、7.750、11.650)

框架梁与走廊挑梁高差示意

(屋面框架梁与挑梁参照本图,无高差20mm)

窗顶标高

大于等于1500宽窗过梁

1—1

项目名称		某小学教学楼		
设计			单位	m，mm
制图		二～四层	图别	结施
校对		楼面梁配筋平面图、	图号	结施-08
工程负责	图名	框架梁与走廊挑梁高差示意、		
审核		大于等于1500宽窗过梁		
审定				

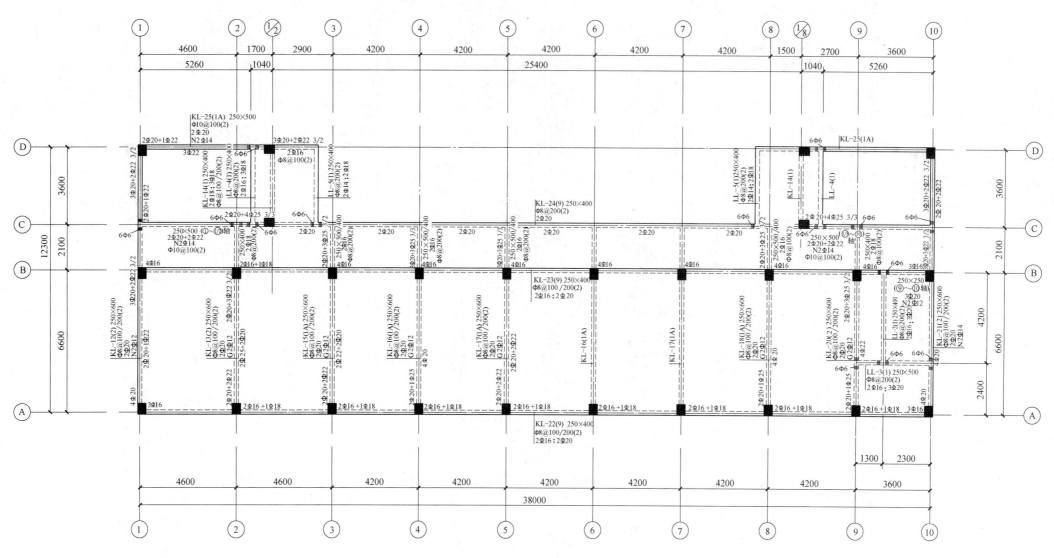

五层楼面梁配筋平面图 1:100
(梁顶面平板面标高为15.550)

项目名称		某小学教学楼			
设计				单位	m，mm
制图				图别	结施
校对		图名	五层楼面梁配筋平面图	图号	结施-09
工程负责					
审核					
审定					

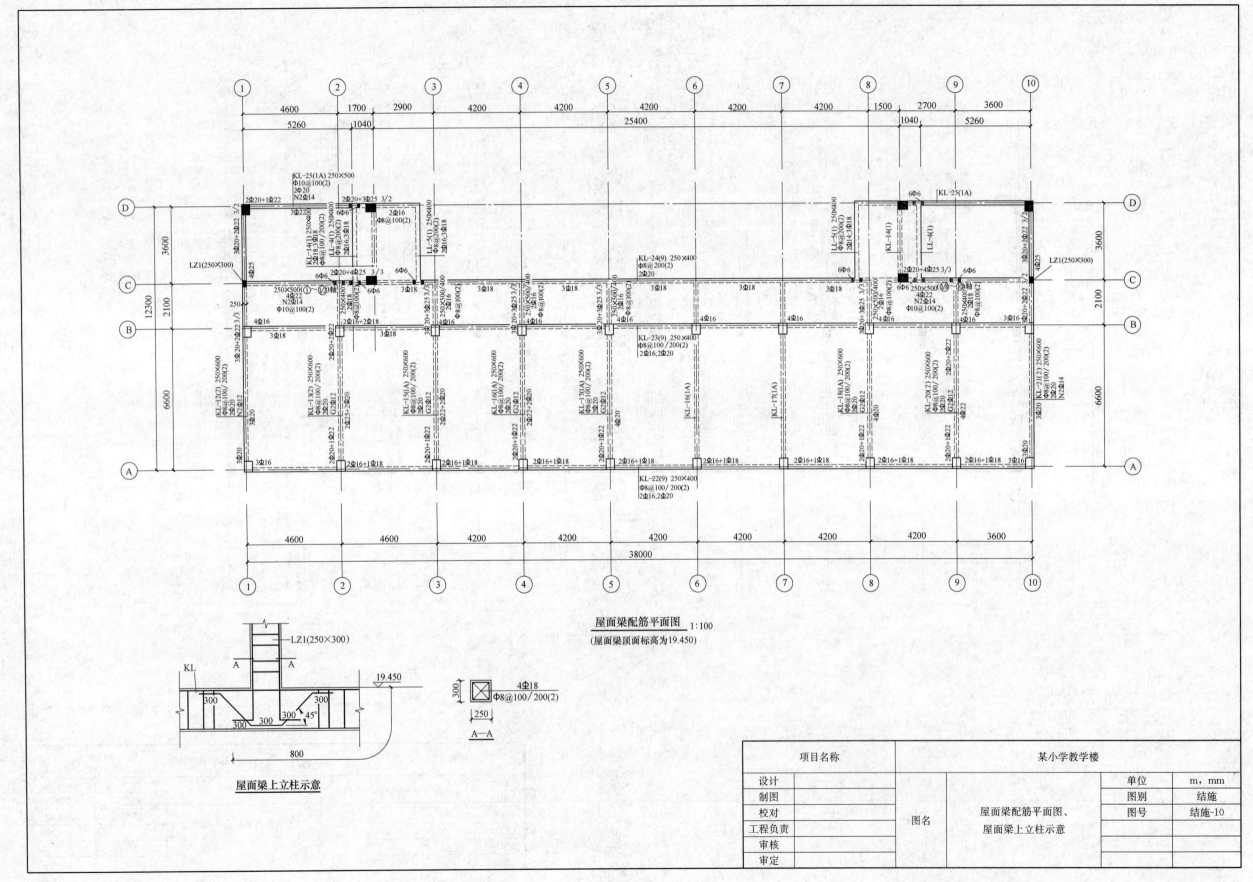

屋面梁配筋平面图 1:100
(屋面梁顶面标高为19.450)

屋面梁上立柱示意

A—A

项目名称		某小学教学楼		
设计			单位	m，mm
制图		图名	图别	结施
校对			图号	结施-10
工程负责		屋面梁配筋平面图、		
审核		屋面梁上立柱示意		
审定				

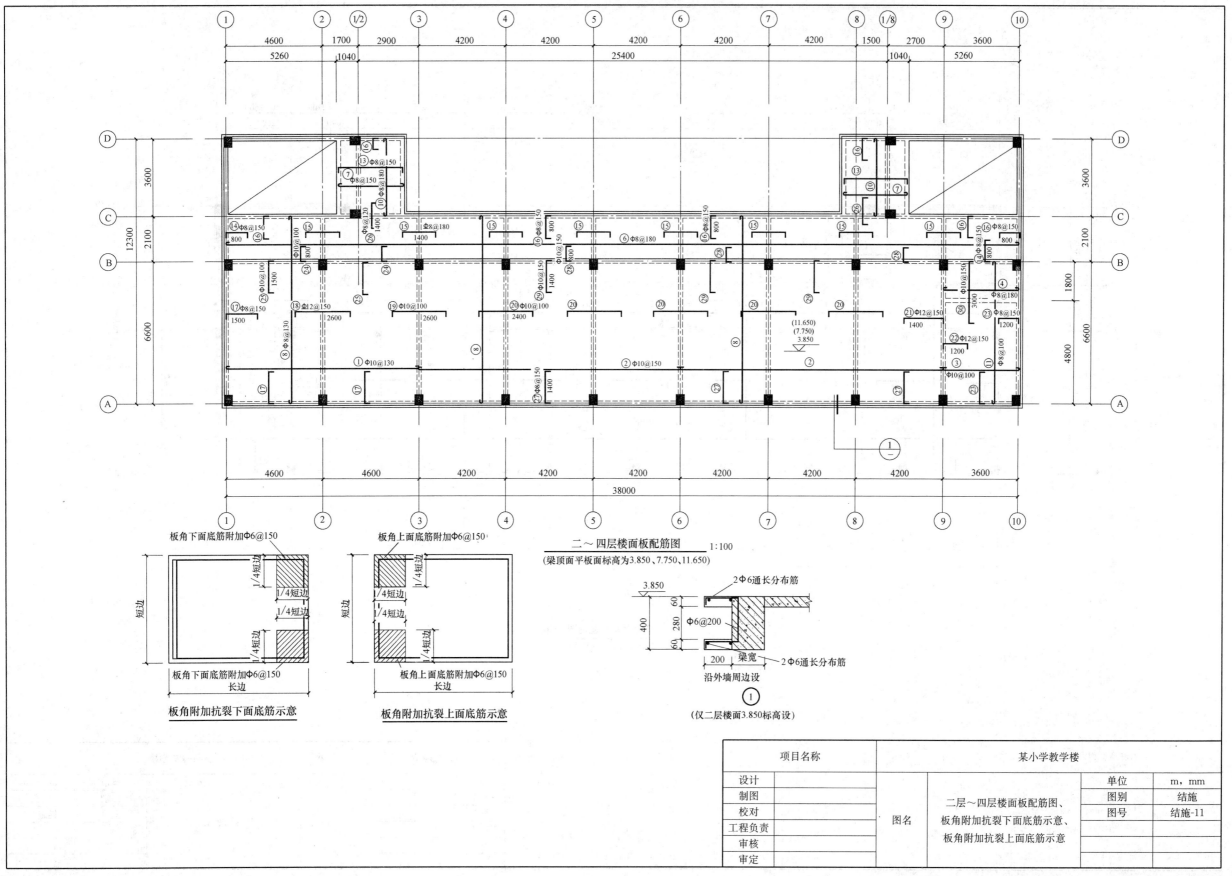

板角下面底筋附加Φ6@150

板角上面底筋附加Φ6@150

二～四层楼面板配筋图 1:100
(梁顶面平板面标高为3.850、7.750、11.650)

板角下面底筋附加Φ6@150
长边

板角附加抗裂下面底筋示意

板角上面底筋附加Φ6@150
长边

板角附加抗裂上面底筋示意

3.850
2Φ6通长分布筋
Φ6@200
梁宽
2Φ6通长分布筋

沿外墙周边设

①

(仅二层楼面3.850标高设)

项目名称		某小学教学楼		
设计			单位	m，mm
制图		二层～四层楼面板配筋图、	图别	结施
校对		板角附加抗裂下面底筋示意、	图号	结施-11
工程负责	图名	板角附加抗裂上面底筋示意		
审核				
审定				

59

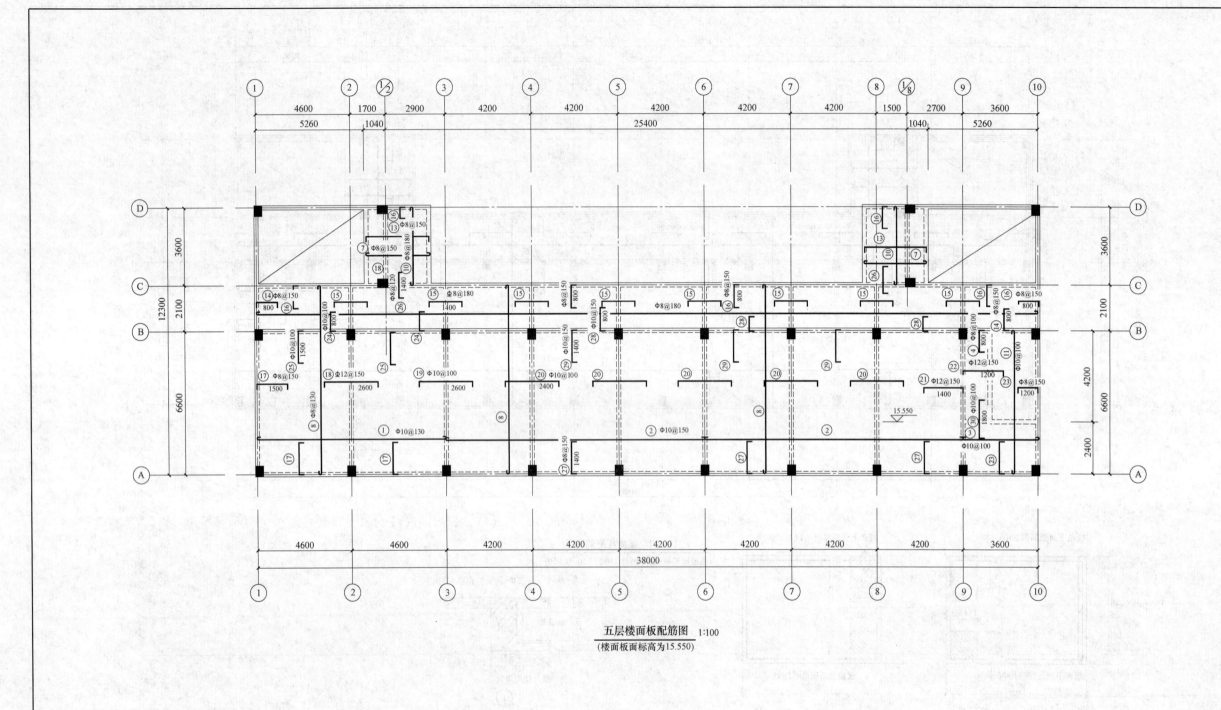

五层楼面板配筋图 1:100
(楼面板面标高为15.550)

项目名称		某小学教学楼			
设计				单位	m，mm
制图				图别	结施
校对		图名	五层楼面板配筋图	图号	结施-12
工程负责					
审核					
审定					

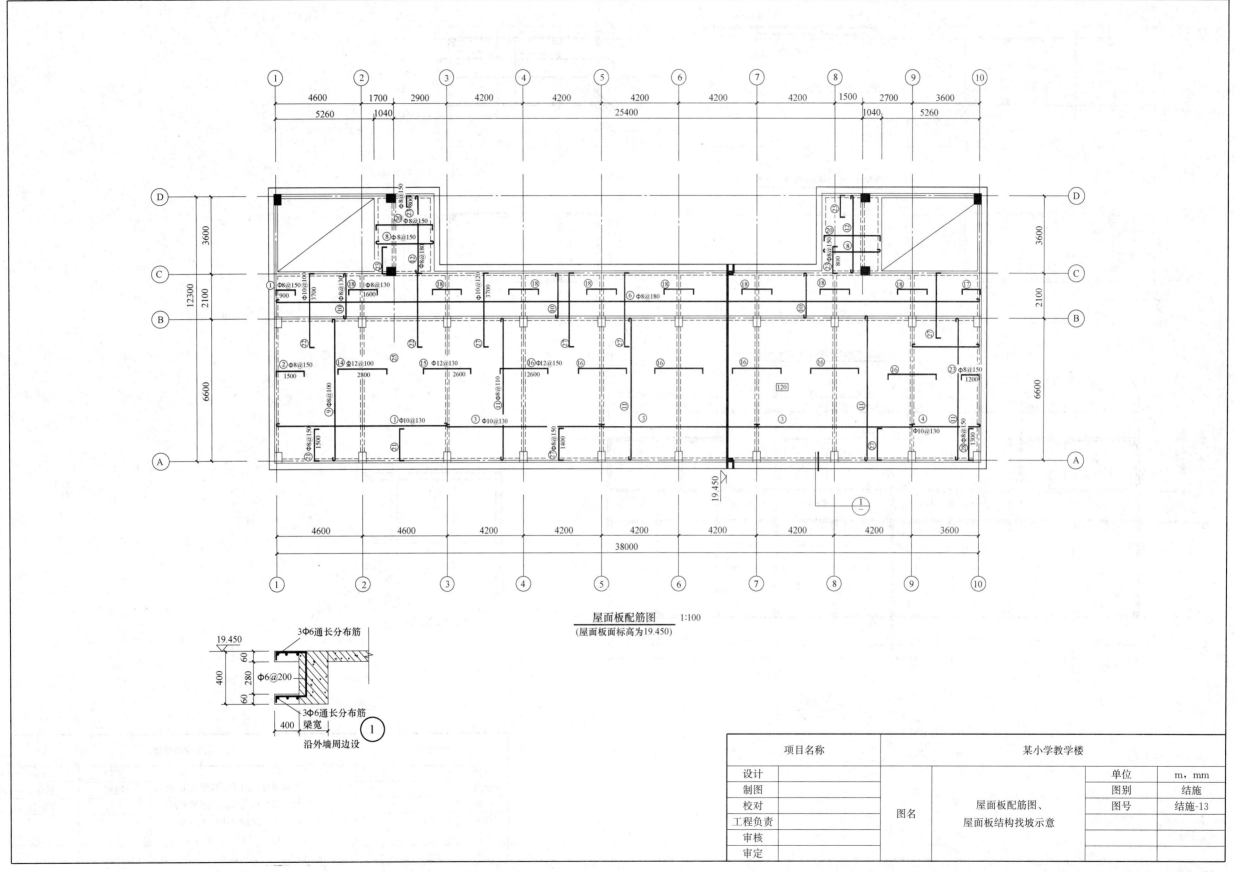

屋面板配筋图 1:100
(屋面板面标高为19.450)

3Φ6通长分布筋
Φ6@200
3Φ6通长分布筋
梁宽
沿外墙周边设

项目名称	某小学教学楼		
设计		单位	m，mm
制图	图名	图别	结施
校对	屋面板配筋图、	图号	结施-13
工程负责	屋面板结构找坡示意		
审核			
审定			

61

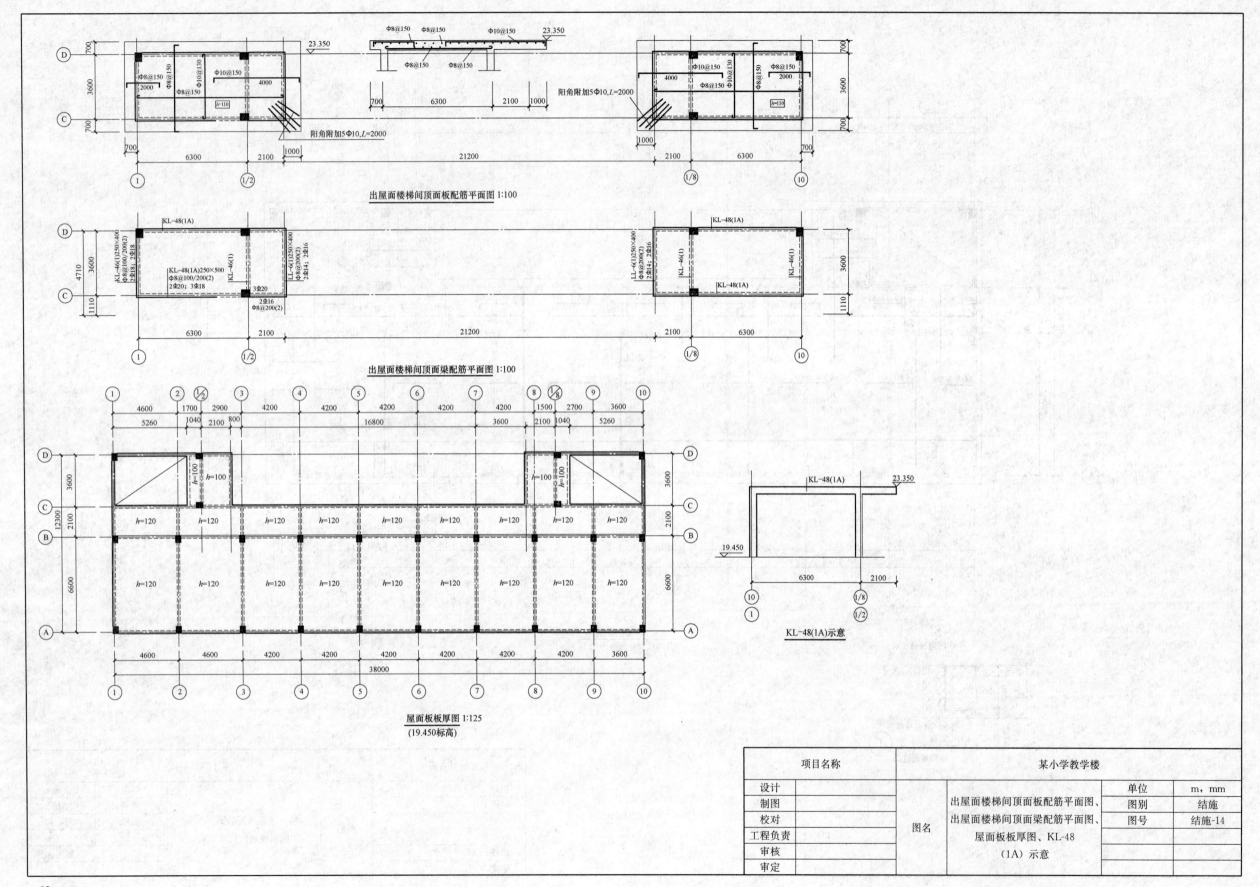

出屋面楼梯间顶面板配筋平面图 1:100

出屋面楼梯间顶面梁配筋平面图 1:100

屋面板板厚图 1:125
(19.450标高)

KL-48(1A)示意

项目名称			某小学教学楼		
	设计			单位	m，mm
	制图		出屋面楼梯间顶面板配筋平面图、	图别	结施
	校对		出屋面楼梯间顶面梁配筋平面图、	图号	结施-14
	工程负责	图名	屋面板板厚图、KL-48		
	审核		(1A)示意		
	审定				

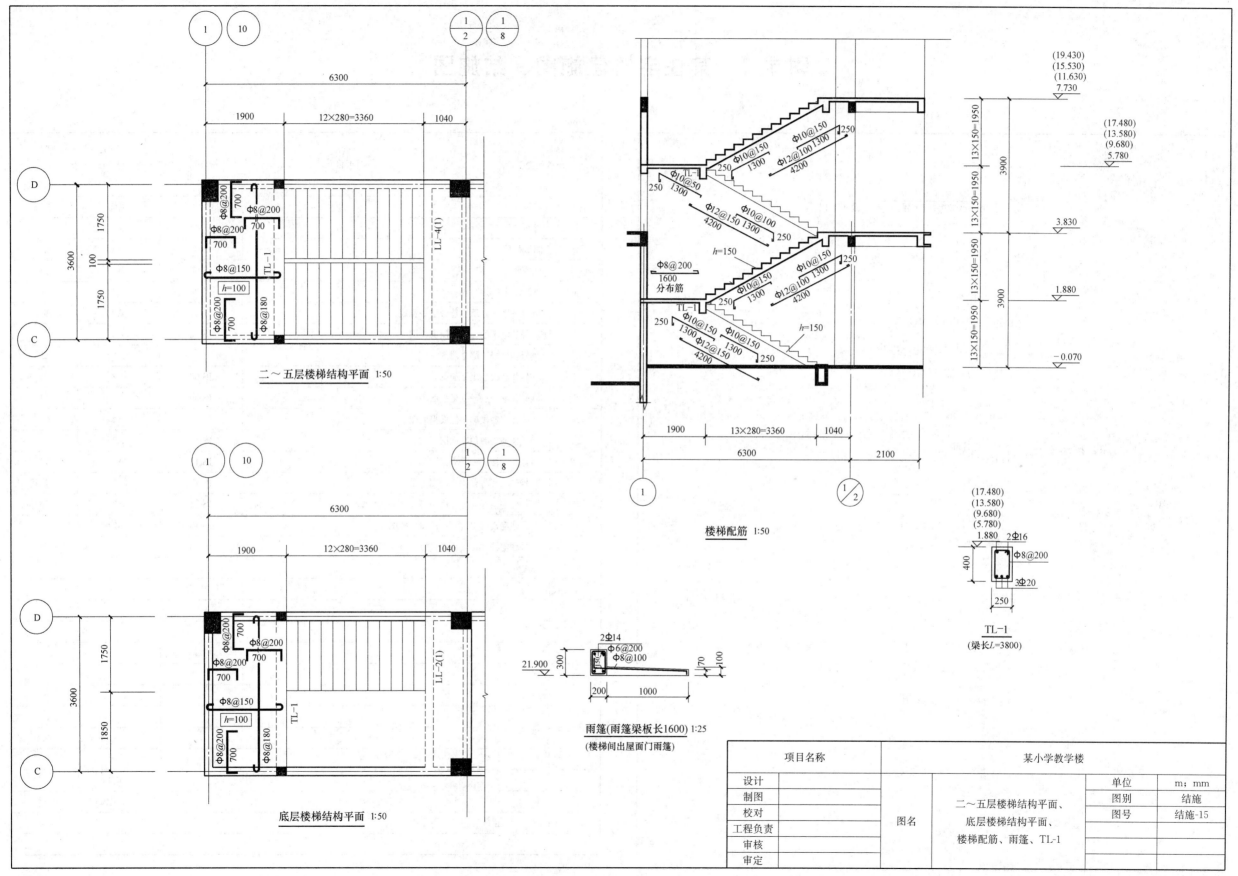

二～五层楼梯结构平面 1:50

底层楼梯结构平面 1:50

楼梯配筋 1:50

TL-1
(梁长L=3800)

雨篷(雨篷梁板长1600) 1:25
(楼梯间出屋面门雨篷)

项目名称		某小学教学楼		
设计			单位	m; mm
制图		二～五层楼梯结构平面、底层楼梯结构平面、楼梯配筋、雨篷、TL-1	图别	结施
校对			图号	结施-15
工程负责	图名			
审核				
审定				

63

附录 2　某住宅楼建施图、结施图

项目名称 某住宅小区 20 号住宅楼 ××× 建筑工程

施工图设计

项目代号：0718SG-13-J

项目总设计师：
（项目负责人）————————

审　定：————————

设　计：————————

设计证书等级：甲级

××设计研究院

××年××月

No:JS-01

			No:JS-02	
××设计研究院		图纸目录		
			共 1 页，第 1 页	

序号	名称	图号	幅面	页码
1	封面	JS-01	A4	64
2	图纸目录	JS-02	A4	64
3	总平面	JS-03	A1	65
4	建筑设计总说明	JS-04	A2	66
5	20 号住宅楼建筑构造做法一览表	JS-05	A2	67
6	20 号住宅楼门窗表及门窗详图	JS-06	A2	68
7	20 号住宅楼一层平面图	JS-07	A2	69
8	20 号住宅楼二层平面图	JS-08	A2	70
9	20 号住宅楼三～九层平面图	JS-09	A2	71
10	20 号住宅楼楼梯出屋面平面图	JS-10	A2	72
11	20 号住宅楼屋顶平面图	JS-11	A2	73
12	20 号住宅楼①～⑧立面图	JS-12	A2	74
13	20 号住宅楼⑧～①立面图	JS-13	A2	75
14	20 号住宅楼Ⓐ～Ⓕ立面图、1-1 剖面图	JS-14	A2	76
15	20 号住宅楼厨卫、阳台、凸窗大样图	JS-15	A2	77
16	20 号住宅楼楼梯平面图、楼梯、电梯断面图	JS-16	A2	78

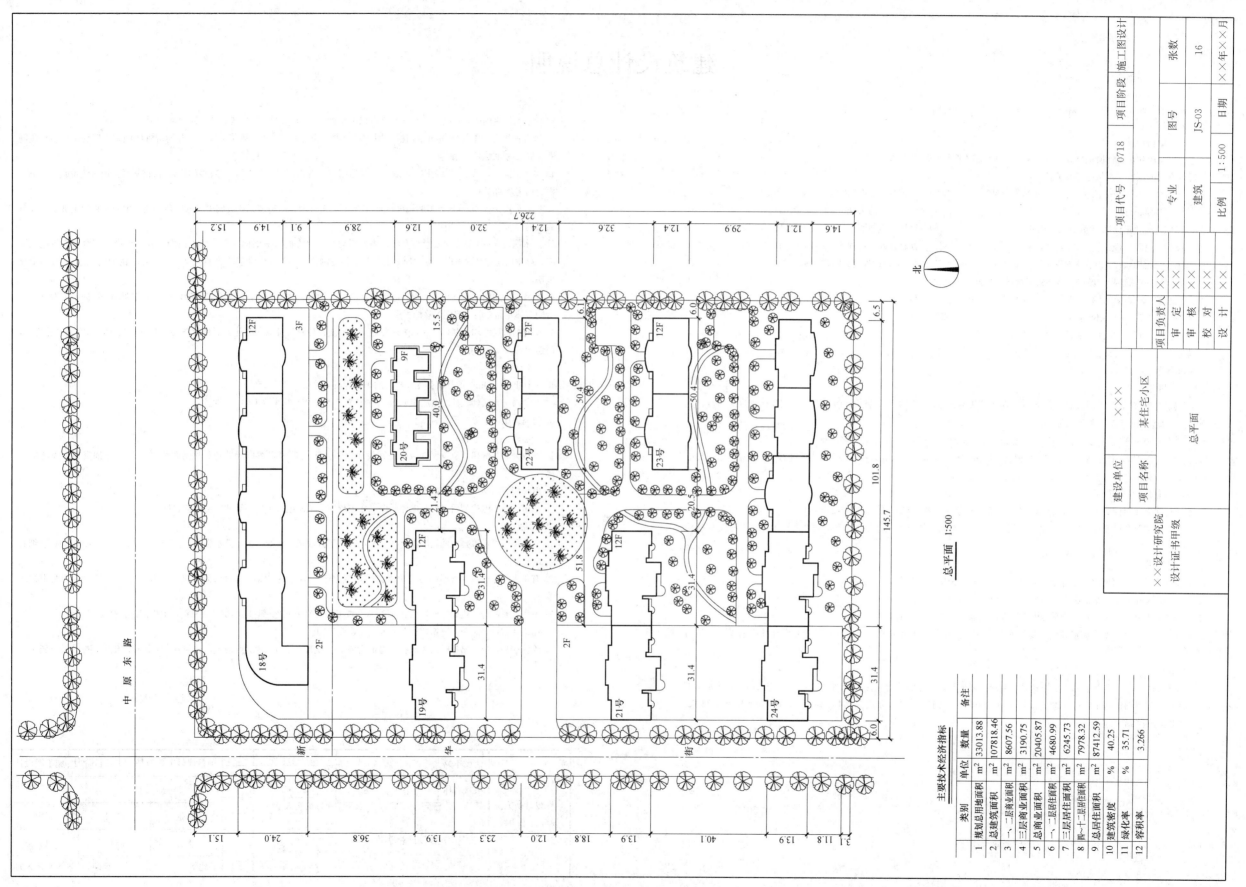

总平面 1:500

主要技术经济指标

	类别	单位	数量	备注
1	规划总用地面积	m²	33013.88	
2	总建筑面积	m²	107818.46	
3	一、二层商业面积	m²	8607.56	
4	三层商业面积	m²	3190.75	
5	总商业面积	m²	20405.87	
6	一、二层居住面积	m²	4680.99	
7	三层居住面积	m²	6245.73	
8	四~十二层居住面积	m²	7978.32	
9	总居住面积	m²	87412.59	
10	建筑密度	%	40.25	
11	绿化率	%	35.71	
12	容积率		3.266	

建筑设计总说明

一、设计依据

1. 本院所做初步设计。

2. 建设单位对初步设计所提修改意见及关于该项目施工图设计的要求和答复。

3. 现行有关的国家建筑规范及有关条例：

(1)《房屋建筑制图统一标准》GB/T 50001—2010；　　(2)《建筑制图标准》GB/T 50104—2010；

(3)《民用建筑设计通则》GB 50352—2005；　　(4)《建筑设计防火规范》GB 50016—2014；

(5)《民用建筑热工设计规范》GB 50176—1993；　　(6)《民用建筑照明设计标准》GBJ 133-90；

(7)《民用建筑隔声设计规范》GB 50118—2010；　　(8)《饮食建筑设计规范》JGJ 64-89；

(9)《中小学校建筑设计规范》GB 50099—2011；　　(10)《住宅设计规范》GB 50096—2011；

(11)《方便残疾人使用的城市道路和建筑物设计规范》JGJ 50-88；

(12)《建筑内部装修设计防火规范》GB 50222-95（2001年修订版）；

(13)《工程建设标准强制性条文（房屋建筑部分）》（2013年版）；

(14)《建筑工程设计文件编制深度的规定》（2008年版）。

4. 其他现行有关的国家建筑规范及有关条例。

5. 本院各专业所提条件。

二、工程概况

本工程属二类建筑，建筑耐久年限为50年，防火等级为二级，屋面防火等级为Ⅱ级，建筑抗震设防烈度为六度，建筑结构类型为钢筋混凝土异型柱体系。

本工程占地505m²，总建筑面积4565m²，建筑高度25.50m，建筑层数九层，属多层建筑。

室内装修不属本次设计范畴，由甲方日后根据实际情况自行处理，但应和设计院协商，不能违背建筑风格，且不能破坏原有结构体系。

三、设计标高及建筑定位

1. 本建筑室内地面标高±0.000，相当于绝对标高，见总平面图，建筑定位见总平面图。

2. 为便于施工及结构设计，本设计楼地面标注标高为建筑面层抹面完成之标高；室内找坡的楼地面按其最高处标注建筑标高。

四、一般说明

1. 本设计图纸中全部尺寸（除特殊注明者外）均以mm为单位，标高以m为单位。

2. 各层平面图中有放大平面图者，均见相应的放大图。

3. 所有成品器具、器材、管线均须经甲方及设计院确认无误后方可施工。

4. 除注明外，应严格执行国家颁发的建筑安装工程各类现行施工及验收规范，并与各专业设计图纸密切配合进行施工。

五、墙体

1. 本工程深色墙体（外墙及管井、电梯井、厕所、楼梯间）除注明外均为240mm厚MU10黏土空心砖墙，未加深部分内墙的厚度为190mm空心砌块，薄墙为120mm空心砌块。砌筑方式见结构图，±0.000以下用水泥砂浆，±0.000以上用混合砂浆。

2. 所有墙体室内阳角在楼面2000mm高度以下均做1：2.5水泥砂浆护角，厚度同内墙粉刷。

3. 所有管井门口均做300mm高门槛，用MU10黏土空心砖M5水泥砂浆砌筑，管井均待管线施工完毕后用与楼板相同强度等级的混凝土密封封堵。

4. 墙体留洞嵌入箱柜（消火栓、电表箱）穿透墙壁时待箱柜固定洞中后，箱柜背面洞口钉钢板网再做内墙粉刷。

六、门窗及油漆工程

1. 所有窗均采用9mm白色塑料钢窗框，5mm厚无色玻璃，门连窗无色玻璃10mm厚，一层卫生间窗采用毛玻璃，外窗靠墙内侧立，内窗均立墙中。

2. 内木门均刷一底两度乳黄色调和漆，内木门均与开启方向一侧墙面立平，外木门内、外侧均刷一底两度浅棕色调和漆，外木门均与开启方向一侧墙面立平，凡木料与砌体接触部分应满浸防腐油或腐化钠。外不锈钢门采用8mm厚钢化玻璃。

3. 所有金属露明部分（除铝、铜、电镀等制品外）均刷防锈漆一度，深灰色调和漆两度。非露明部分刷防锈漆两度。所有刷金属制品在刷漆前应先除油去锈。

4. 所有门窗尺寸均以洞口尺寸，为避免施工误差或设计修改带来的变化，下料前务必实测洞口尺寸，以实测尺寸为准，门窗数量以实际为准。

七、安全防护

1. 窗台低于900mm的外窗且无外栏杆的护窗栏杆详98ZJ401页25③B②B。

2. 本子项所有楼梯栏杆的做法参见98ZSJ401第7页②W，扶手为Dg40热度管。

3. 防盗设施，甲方自理。

八、电梯

1. 本设计所有电梯井道预埋件必须待建设单位所选定的厂家提供电梯井道、机房预埋件等所有详细资料，现场配合施工。

2. 电梯门、门套待二次装修施工。

3. 由甲方确定电梯型后，再对电梯洞口尺寸进校准。消防电梯不应小于800kg的载客量。

九、其他说明

1. 高处屋面雨水管排往低处屋面时，在雨水管正下方设置一块散水板，散水板采用490mm×490mm×30mm，C20细石混凝土板块。

2. 有水房间穿楼板立管部位均做预留套管，待立管安装好后，管壁与套管间填沥青磨丝，油膏嵌墙面，抹灰中掺防水剂。

3. 卫生间及阳台，走廊地面均做0.6％～1％坡度，分别坡向地漏，以不积水为原则，卫生间结构降板350mm。

4. 屋面避雷针安装及配电箱留槽等见电气专业施工图。

5. 除注明外，应严格执行国家颁发的建筑安装工程各类现行施工及验收规范，并与各专业设计图纸密切配合进行施工。

××设计研究院 设计证书甲级	建设单位	×××			项目代号	0718	项目阶段	施工图设计
	项目名称	某住宅小区						
		建设设计总说明	项目负责人	××				
			审　定	××	专业		图号	张数
			审　核	××	建筑		JS-04	16
			校　对	××				
			设　计	××	比例		日期	××年××月

66

建筑构造做法一览表

类别	编号	名称	构造做法	使用部位
屋面	1	卷材防水屋面（不上人屋面二级防水）	参见98ZJ001第87页屋23，防水卷材改为3厚SEP复合防水卷材屋面，取消40厚C30混凝土以上层，改为25厚1:2.5水泥砂浆，内配钢丝网	楼、电梯间屋面
	2	卷材防水屋面（上人屋面二级防火）	参见98ZJ001第87页屋23，防水卷材为3厚SEP复合防水卷材屋面，取消面层地砖	除1外所有屋面
地面	1	水泥砂浆地面	参见98ZJ001第4页地2	除2、3以外
	2	地砖地面	参见98ZJ001第6页地19	一层电梯间、楼梯间地面
	3	水泥砂浆地面	详见98ZJ001第4页地1 采用2厚聚氨酯防水涂料两道	所有厨房、卫生间地面
楼面	1	水泥砂浆楼面	详见98ZJ001第14页楼1	除2以外
	2	水泥砂浆楼面	详见98ZJ001第19页楼24 采用2厚聚氨酯防水涂料两道	所有厨房、卫生间
内墙	1	仿瓷涂料	888涂料刮两道 5厚1:2水泥石灰砂浆 15厚1:3水泥砂浆	门厅、电梯厅、楼梯间
	2	混合砂浆抹灰	详见98ZJ001第30页内墙30	客厅、卧室
	3	水泥砂浆墙面	详见98ZJ001第31页内墙31	住宅卫生间、厨房墙面
顶棚	1	仿瓷涂料	888涂料刮两道 5厚1:2水泥石灰砂浆 15厚1:3水泥砂浆	门厅、电梯厅、楼梯间
	2	混合砂浆抹灰	详见98ZJ001第47页顶3	客厅、卧室

类别	编号	名称	构造做法	使用部位
外墙	1	浅灰白色涂料外墙	参见98ZJ001第45页外墙22	阳台线脚
	2	面砖外墙	15厚1:3水泥砂浆找平，刷素水泥浆一道 3~4厚1:2水泥砂浆（每公斤水泥加纤维素CM30醋类0.012公斤水泥基粘结材料）镶贴面砖，1:1水泥砖浆构造	除1外所有外墙，颜色见立面图
残疾人坡道及扶手	1	水泥砂浆坡道及栏杆	详见98ZJ901 $\frac{1}{18}$ $\frac{1}{42}$	所有坡道扶手高度为850
分仓缝	1	细石混凝土分仓缝	详见98ZJ201 $\frac{12}{29}$	屋面

采用标准图集

序号	图集代号	名称	备注
1	98ZJ001	建筑构造用料作法	中南地区标准图集
2	98ZJ201	平屋面	中南地区标准图集
3	98ZJ401	楼梯栏杆	中南地区标准图集
4	98ZJ901	室外装修及配件	中南地区标准图集
5	98ZJ681	高级木门	中南地区标准图集

	建设单位	×××			项目代号	0718	项目阶段 施工图设计
××设计研究院 设计证书甲级	项目名称	某住宅小区				
			项目负责人 ××			
	20号住宅楼建筑构造做法一览表		审 定 ××		专业	图号	张数
			审 核 ××		建筑	JS-05	16
			校 对 ××			
			设 计 ××		比例		日期 ××年××月

门窗表

名称	设计编号	标准图集	标准型号	洞口尺寸 宽	洞口尺寸 高	数量	备注
窗	C1			3980	1900	36	塑钢推拉落地凸窗
	C2			1500	1200	18	塑钢推拉窗
	C2a			1400	1200	36	塑钢推拉窗
	C3			1200	1200	38	塑钢推拉窗
	C4			2100	1700	36	塑钢推拉凸窗
	C5			900	900	36	塑钢推拉窗
	C6			480	900	36	塑钢平开窗
	C7			1500	900	16	塑钢推拉窗
	C8			1500	900	2	塑钢推拉窗
门	M1	成品	用户自理	900	2100	108	
	M2	成品	用户自理	750	2100	36	
	M3	成品	用户自理	1500	2100	2	木门
	M4	成品	甲方自理	1000	2100	3	
	M5	成品	甲方自理	1200	2100	36	成品防盗门、甲方自理
	M6	成品	甲方自理	1200	2100	2	木门
门连窗	MC1			200	2200	36	塑钢推拉门

采用标准图集

序号	图集代号	名称	备注
1	98ZJ001	建筑构造用料作法	中南地区标准图集
2	98ZJ201	平屋面	中南地区标准图集
3	98ZJ211	坡屋面	中南地区标准图集
4	98ZJ401	楼梯栏杆	中南地区标准图集
5	98ZJ501	内墙装修及配件	中南地区标准图集
6	98ZJ513	住宅厨房卫生设施	中南地区标准图集
7	98ZJ901	外墙装修及配件	中南地区标准图集

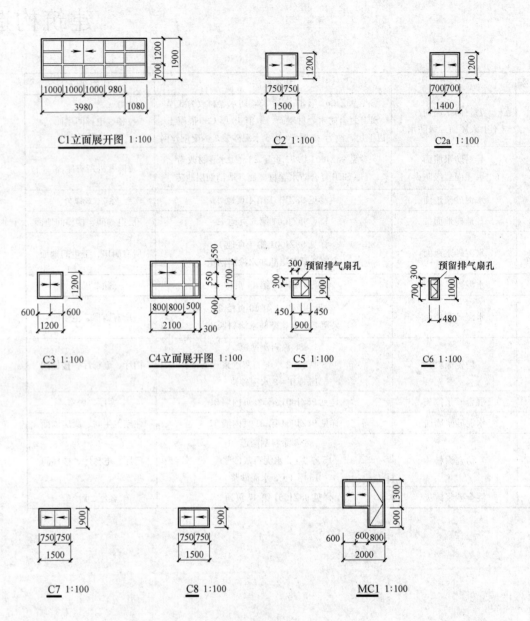

C1立面展开图 1:100   C2 1:100   C2a 1:100

C3 1:100   C4立面展开图 1:100   C5 1:100   C6 1:100

C7 1:100   C8 1:100   MC1 1:100

门窗详图

建设单位	×××		项目代号	0718	项目阶段	施工图设计
项目名称	某住宅小区					
××设计研究院 设计证书甲级		项目负责人	××			
		审　定	××	专业	图号	张数
20号住宅楼门窗表及门窗详图		审　核	××	建筑	JS-06	16
		校　对	××			
		设　计	××	比例	1:100	日期	××年××月

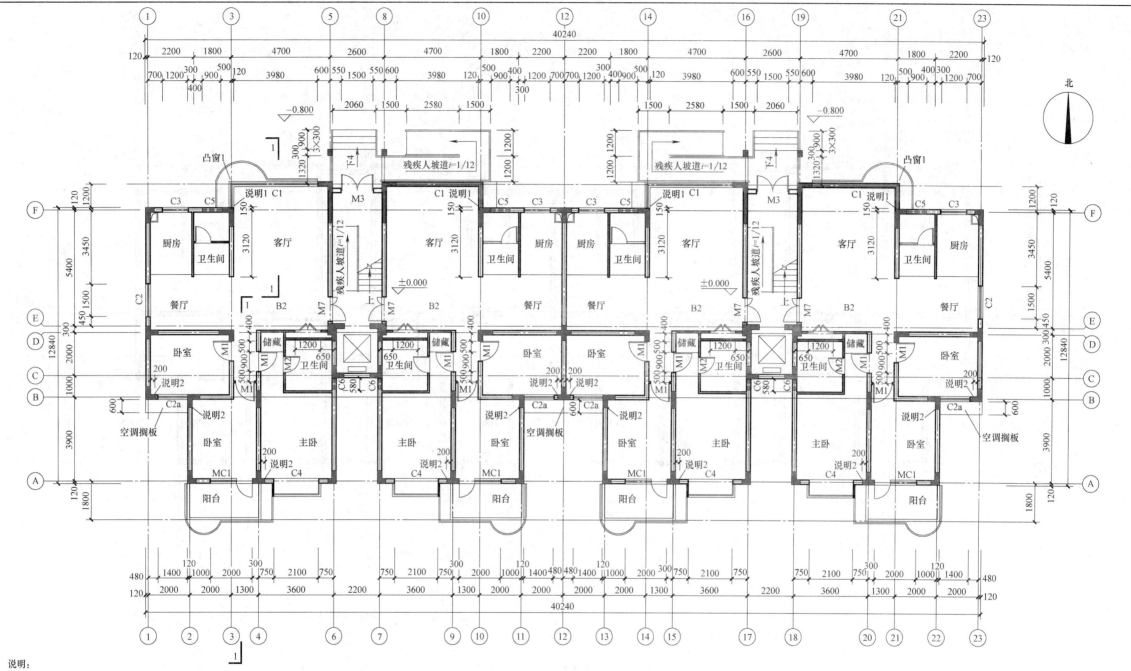

说明：
1．空调预留φ75的管线洞，洞口距同层楼面高150mm，且洞口对室外向下倾斜30mm。套PVC套管，每层住户同房间均如此。
2．空调预留φ75的管线洞，洞口距同层楼面高2000mm，且洞口对室外向下倾斜30mm。套PVC套管，每层住户同房间均如此。
3．图中卫生间及厨房平面放大图、阳台详图、凸窗详见JS-15。
4．消火栓预留洞700mm×850mm(h)，距楼(地)面960mm高。
5．阳台、露台栏杆、空调板为金属铁艺栏杆外涂黑色防锈漆，样式由甲方确定。
6．室外踏步、散水做法、残疾人坡道及其余未注明室外外装修见《建筑构造做法一览表》。
7．平面及详图中未定位的门垛均为120mm。
8．楼梯间、电梯间及前室见JS-16。
9．图中未注明的窗台距同层楼(地)面高900mm。

20号住宅楼一层平面图 1:100

建设单位	×××		项目代号	0718	项目阶段	施工图设计
项目名称	某住宅小区					
		项目负责人	××	专业	图号	张数
		审 定	××			
20号住宅楼一层平面图		审 核	××	建筑	JS-07	16
		校 对	××			
		设 计	××	比例	1：100	日期	××年××月

××设计研究院
设计证书甲级

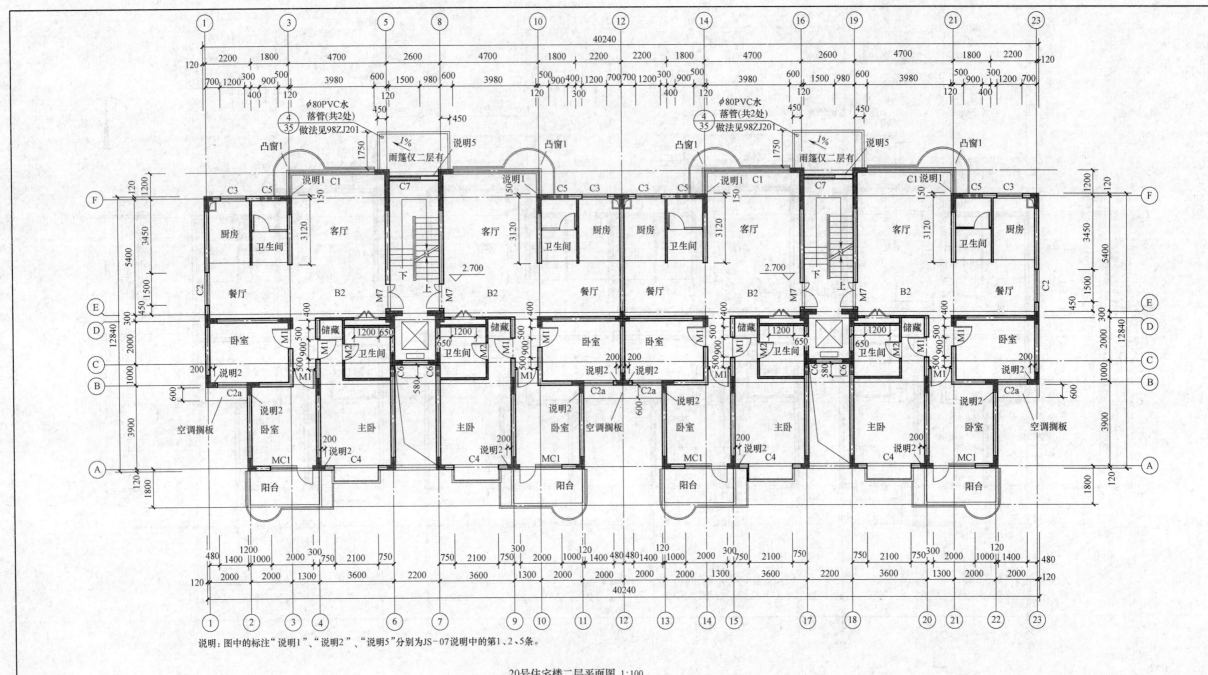

说明：图中的标注"说明1"、"说明2"、"说明5"分别为JS-07说明中的第1、2、5条。

20号住宅楼二层平面图 1:100

建设单位	×××			项目代号	0718	项目阶段	施工图设计
项目名称	某住宅小区						
××设计研究院 设计证书甲级		项目负责人	××	专业		图号	张数
		审　定	××				
20号住宅楼二层平面图		审　核	××	建筑		JS-08	16
		校　对	××				
		设　计	××	比例	1:100	日期	××年××月

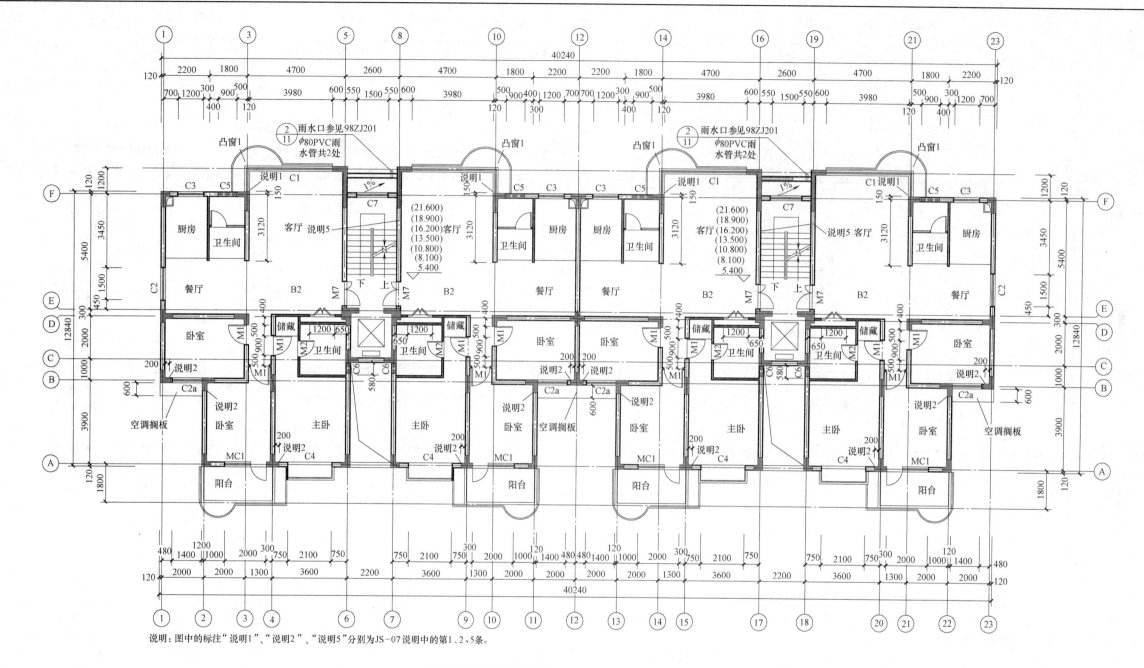

说明：图中的标注"说明1"、"说明2"、"说明5"分别为JS-07说明中的第1、2、5条。

20号住宅楼三～九层平面图 1:100

××设计研究院 设计证书甲级	建设单位	×××			项目代号	0718	项目阶段	施工图设计
	项目名称	某住宅小区						
			项目负责人	××				
			审　定	××	专　业		图号	张数
20号住宅楼三～九层平面图			审　核	××	建筑		JS-09	16
			校　对	××				
			设　计	××	比例	1:100	日期	××年××月

71

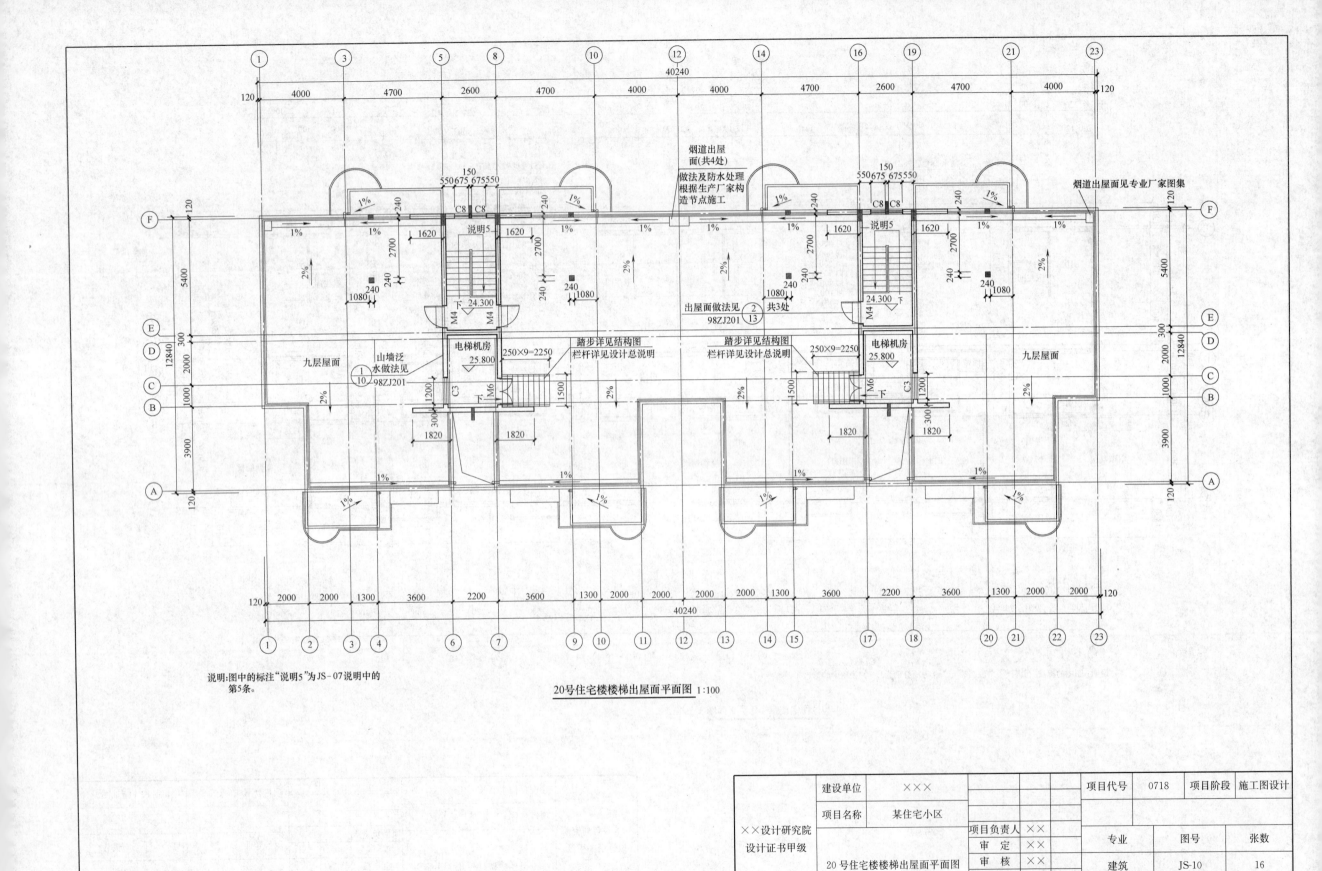

烟道出屋面(共4处)做法及防水处理根据生产厂家构造节点施工

烟道出屋面见专业厂家图集

说明5

说明5

出屋面做法见②共3处
98ZJ201 ⑬

九层屋面

山墙泛水做法见①
10 98ZJ201

电梯机房
25.800

电梯机房
25.800

九层屋面

24.300

24.300

踏步详见结构图
栏杆详见设计总说明

踏步详见结构图
栏杆详见设计总说明

250×9=2250

250×9=2250

说明:图中的标注"说明5"为JS-07说明中的第5条。

20号住宅楼楼梯出屋面平面图 1:100

	建设单位	×××				项目代号	0718	项目阶段	施工图设计
××设计研究院 设计证书甲级	项目名称	某住宅小区							
	项目负责人	××			专业		图号		张数
	审 定	××							
	20号住宅楼楼梯出屋面平面图		审 核	××	建筑		JS-10		16
			校 对	××					
			设 计	××	比例		1:100	日期	××年××月

72

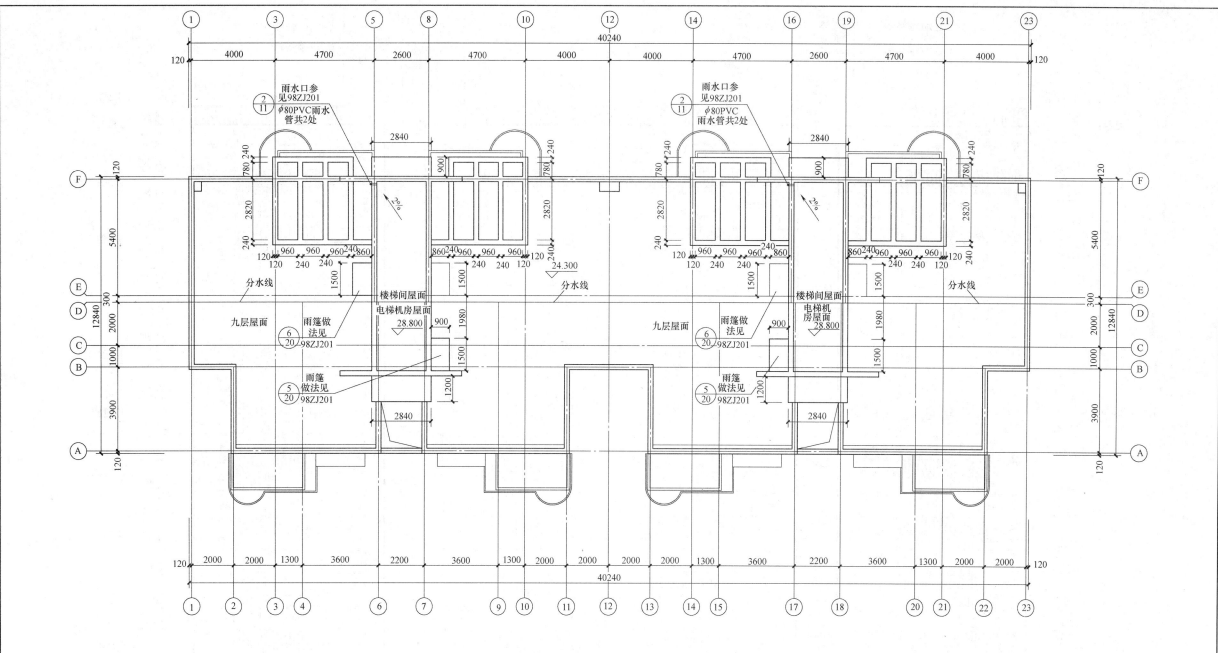

20号住宅楼屋顶平面图 1:100
说明：屋面防雷支座间距1000mm，转弯处500mm，位置详见电施图。

建设单位	×××				项目代号	0718	项目阶段	施工图设计
项目名称	某住宅小区							
		项目负责人	××		专业		图号	张数
		审 定	××					
20号住宅楼屋顶平面图		审 核	××		建筑		JS-11	16
		校 对	××		比例	1:100	日期	××年××月
		设 计	××					

××设计研究院
设计证书甲级

73

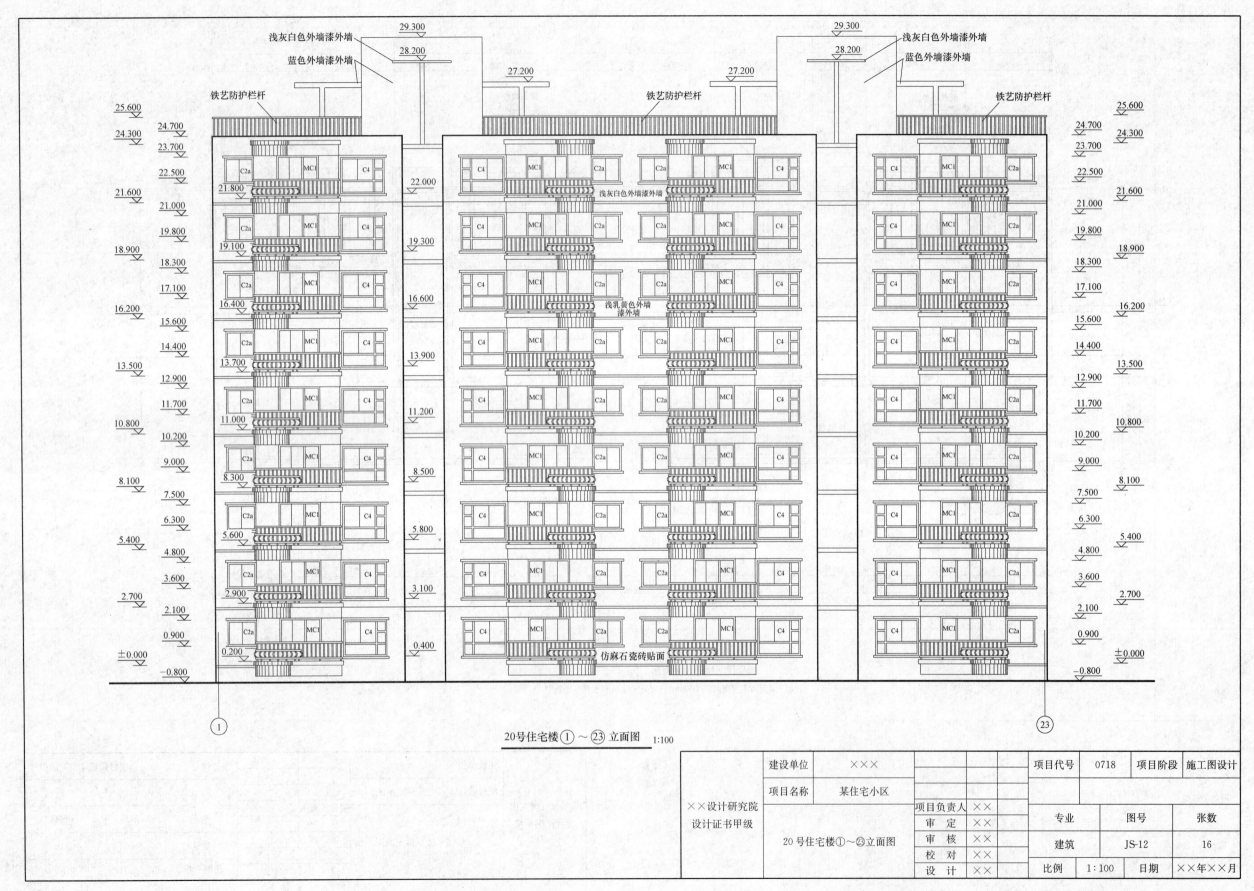

浅灰白色外墙漆外墙
蓝色外墙漆外墙
铁艺防护栏杆
浅灰白色外墙漆外墙
蓝色外墙漆外墙
铁艺防护栏杆
铁艺防护栏杆
浅灰白色外墙漆外墙
浅乳黄色外墙漆外墙
仿麻石瓷砖贴面

29.300
28.200
27.200
29.300
28.200
27.200

25.600
24.700
24.300
23.700
22.500
22.000
21.800
21.600
21.000
19.800
19.300
19.100
18.900
18.300
17.100
16.600
16.400
16.200
15.600
14.400
13.900
13.700
13.500
12.900
11.700
11.200
11.000
10.800
10.200
9.000
8.500
8.300
8.100
7.500
6.300
5.800
5.600
5.400
4.800
3.600
3.100
2.900
2.700
2.100
0.900
0.400
0.200
±0.000
-0.800

25.600
24.700
24.300
23.700
22.500
21.600
21.000
19.800
18.900
18.300
17.100
16.200
15.600
14.400
13.500
12.900
11.700
10.800
10.200
9.000
8.100
7.500
6.300
5.400
4.800
3.600
2.700
2.100
0.900
±0.000
-0.800

C2a MC1 C4
C4 MC1 C2a C2a MC1 C4

20号住宅楼 ①~㉓ 立面图 1:100

××设计研究院 设计证书甲级	建设单位	×××			项目代号	0718	项目阶段	施工图设计
	项目名称	某住宅小区						
	20号住宅楼①~㉓立面图		项目负责人	××	专业		图号	张数
			审 定	××				
			审 核	××	建筑		JS-12	16
			校 对	××				
			设 计	××	比例	1：100	日期	××年××月

74

浅灰白色外墙漆外墙
蓝色外墙漆外墙
铁艺防护栏杆

29.300
28.200
27.200

浅灰白色外墙漆外墙
蓝色外墙漆外墙
铁艺防护栏杆

浅灰白色外墙漆外墙
浅乳黄色外墙漆外墙

仿麻石瓷砖贴面

20号住宅楼㉓～①立面图 1:100

××设计研究院 设计证书甲级	建设单位	×××		项目代号	0718	项目阶段	施工图设计
	项目名称	某住宅小区					
			项目负责人	××			
	20号住宅楼㉓～①立面图		审　定	××	专业	图号	张数
			审　核	××	建筑	JS-13	16
			校　对	××			
			设　计	××	比例	1：100	日期	××年××月

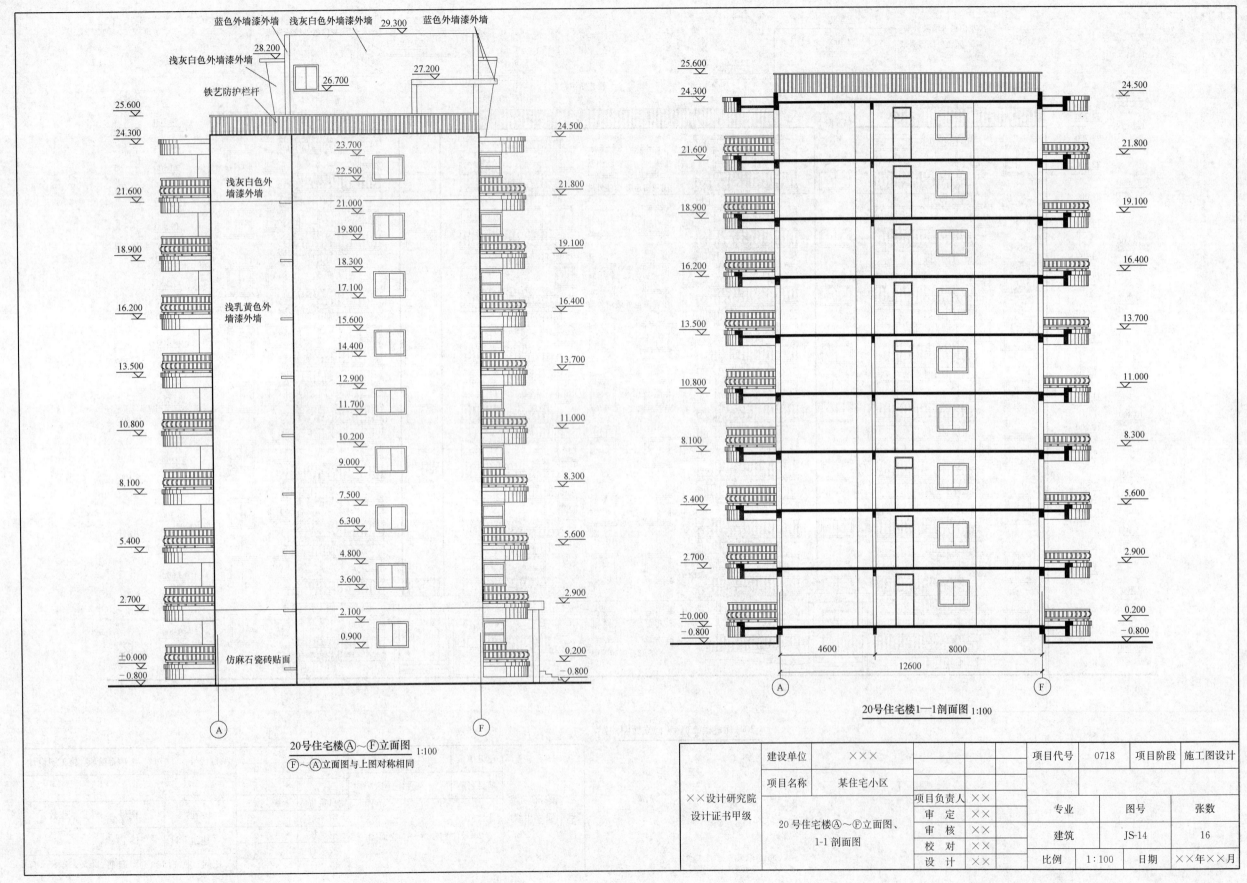

蓝色外墙漆外墙　浅灰白色外墙漆外墙　29.300　蓝色外墙漆外墙

浅灰白色外墙漆外墙

28.200

铁艺防护栏杆　26.700　27.200

浅灰白色外墙漆外墙

浅乳黄色外墙漆外墙

仿麻石瓷砖贴面

20号住宅楼Ⓐ～Ⓕ立面图 1:100
Ⓕ～Ⓐ立面图与上图对称相同

25.600
24.300
21.600
18.900
16.200
13.500
10.800
8.100
5.400
2.700
±0.000
-0.800

23.700
22.500
21.000
19.800
18.300
17.100
15.600
14.400
12.900
11.700
10.200
9.000
7.500
6.300
4.800
3.600
2.100
0.900

24.500
21.800
19.100
16.400
13.700
11.000
8.300
5.600
2.900
0.200
-0.800

Ⓐ　Ⓕ

20号住宅楼1—1剖面图 1:100

25.600
24.300
21.600
18.900
16.200
13.500
10.800
8.100
5.400
2.700
±0.000
-0.800

24.500
21.800
19.100
16.400
13.700
11.000
8.300
5.600
2.900
0.200
-0.800

4600　8000
12600
Ⓐ　Ⓕ

××设计研究院 设计证书甲级	建设单位	×××		项目代号	0718	项目阶段	施工图设计
	项目名称	某住宅小区					
			项目负责人	××	专业	图号	张数
	20号住宅楼Ⓐ～Ⓕ立面图、1-1剖面图		审 定	××			
			审 核	××	建筑	JS-14	16
			校 对	××			
			设 计	××	比例	1：100	日期	××年××月

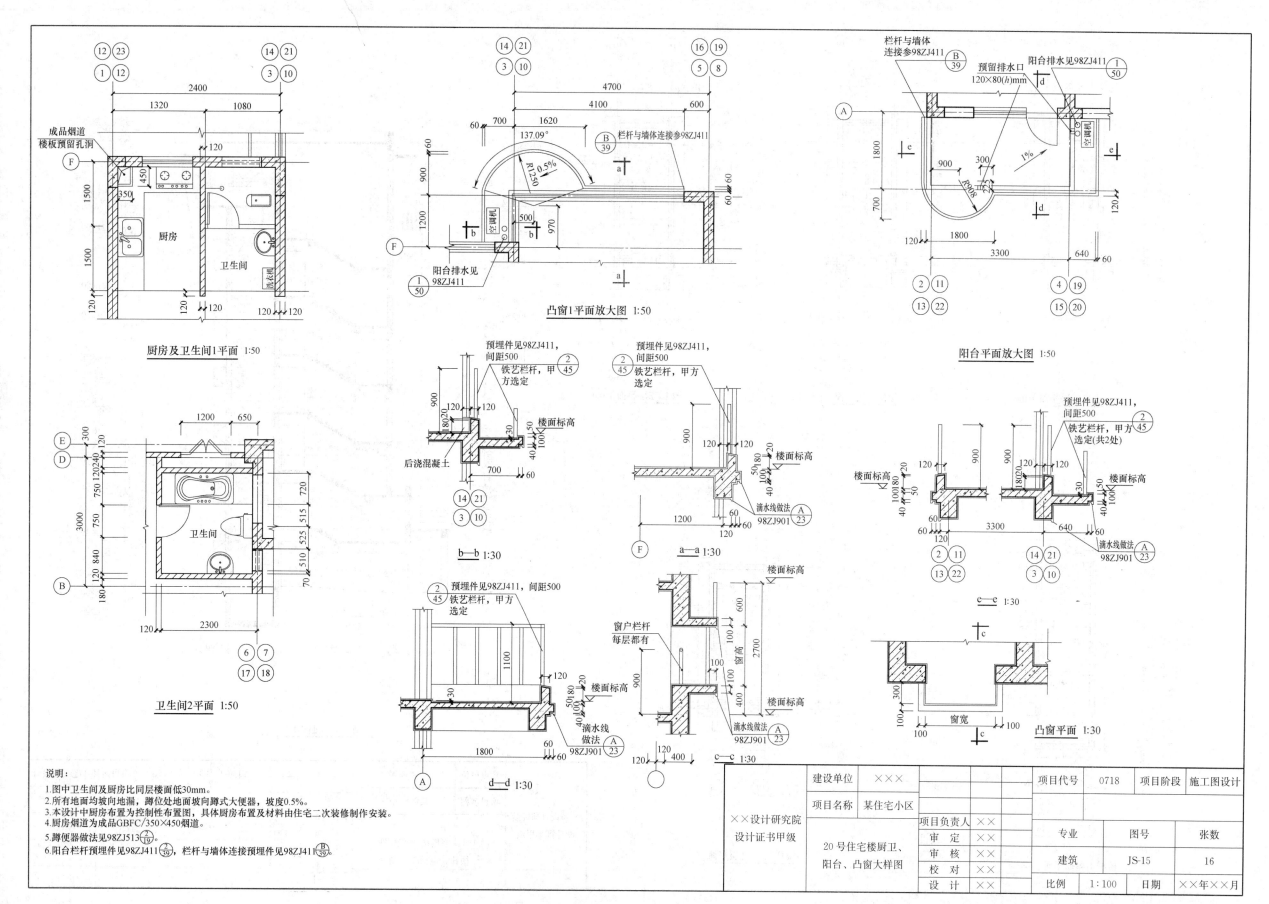

厨房及卫生间1平面 1:50

卫生间2平面 1:50

凸窗1平面放大图 1:50

阳台平面放大图 1:50

b—b 1:30

a—a 1:30

e—e 1:30

d—d 1:30

c—c 1:30

凸窗平面 1:30

说明：
1.图中卫生间及厨房比同层楼面低30mm。
2.所有地面均坡向地漏，蹲位处地面坡向蹲式大便器，坡度0.5%。
3.本设计中厨房布置为控制性布置图，具体厨房布置及材料由住宅二次装修制作安装。
4.厨房烟道为成品GBFC/350×450烟道。
5.蹲便器做法见98ZJ513 2/19。
6.阳台栏杆预埋件见98ZJ411 2/39，栏杆与墙体连接预埋件见98ZJ411 B/39。

建设单位	×××				项目代号	0718	项目阶段	施工图设计
××设计研究院 设计证书甲级	项目名称	某住宅小区						
			项目负责人	××				
	20号住宅楼厨卫、 阳台、凸窗大样图		审 定	××	专业		图号	张数
			审 核	××	建筑		JS-15	16
			校 对	××	比例	1:100	日期	××年××月
			设 计	××				

77

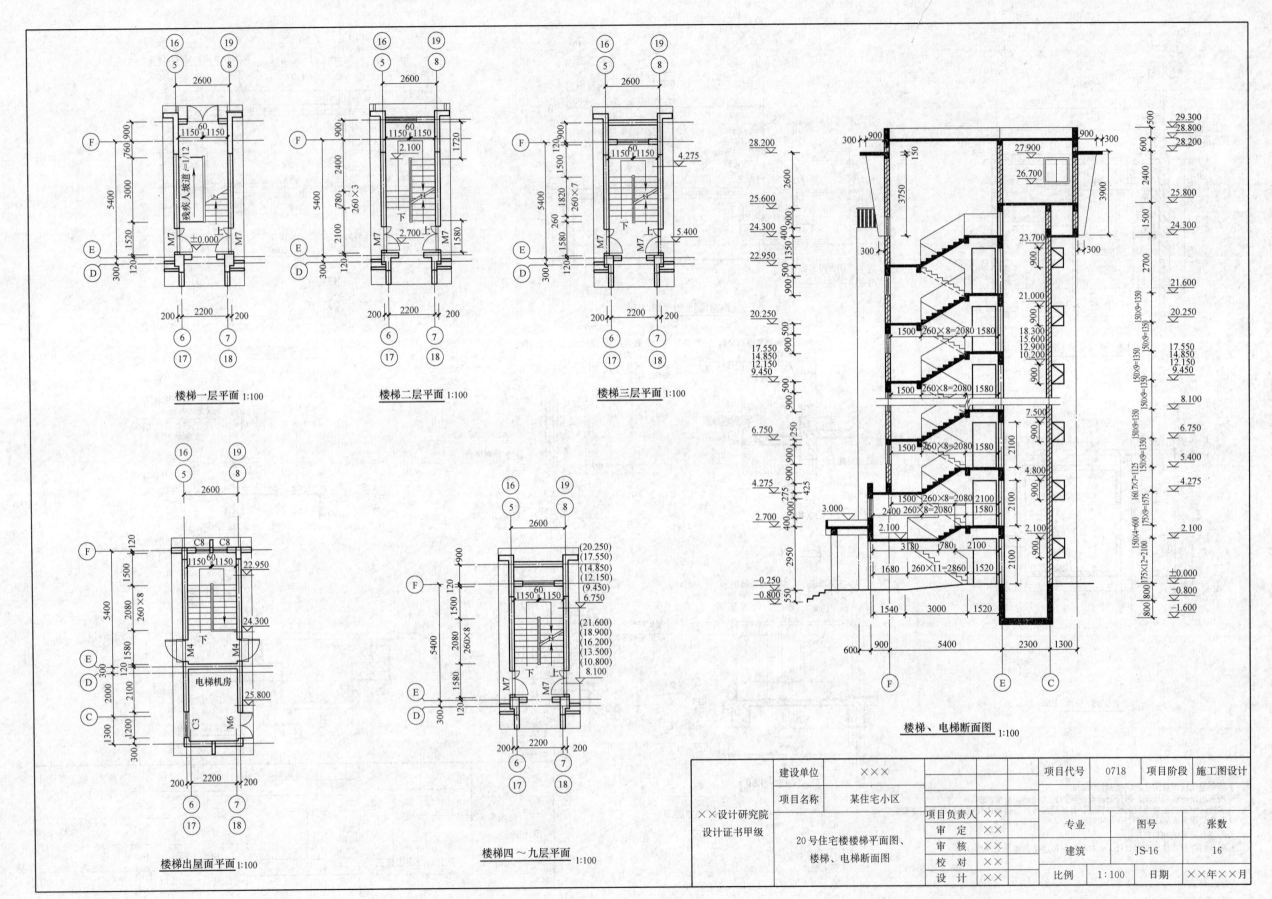

楼梯一层平面 1:100

楼梯二层平面 1:100

楼梯三层平面 1:100

楼梯出屋面平面 1:100

楼梯四～九层平面 1:100

楼梯、电梯断面图 1:100

建设单位	×××			项目代号	0718	项目阶段	施工图设计
××设计研究院 设计证书甲级	项目名称	某住宅小区					
			项目负责人	××	专业	图号	张数
	20号住宅楼楼梯平面图、 楼梯、电梯断面图	审 定	××			
		审 核	××	建筑	JS-16	16
		校 对	××			
		设 计	××	比例	1:100	日期	××年××月

项目名称 ×××某住宅小区 20 号住宅楼 结构工程

施工图设计

项目代号:0718SG-13-G

项目总设计师:
(项目负责人)

审 定:

设 计:

设计证书等级:甲级

××设计研究院

××年××月

图号:GS-01

××设计研究院	图纸目录	图号:GS-02 共 1 页,第 1 页

序号	名称	图号	幅面	页码
1	封面	GS-01	A4	79
2	图纸目录	GS-02	A4	79
3	建筑结构设计总说明(一)	GS-03	A2	80
4	建筑结构设计总说明(二)	GS-03a	A2	81
5	20 号住宅楼桩位、承台平面图、CT1、CT2、CT3	GS-04	A2	82
6	20 号住宅楼桩基础详图	GS-05	A2	83
7	20 号住宅楼基础梁配筋图	GS-06	A2	84
8	20 号住宅楼柱及剪力墙平面布置图	GS-07	A2	85
9	20 号住宅楼二层结构平面布置图	GS-08	A2	86
10	20 号住宅楼三~九层结构平面布置图	GS-09	A2	87
11	20 号住宅楼屋顶结构平面布置图	GS-10	A2	88
12	20 号住宅楼电梯机房屋顶层结构平面布置图、电梯机房楼面结构平面布置图、屋顶楼梯详图、构架详图	GS-11	A2	89
13	20 号住宅楼楼梯详图	GS-12	A2	90

建筑结构设计总说明(一)

一、一般说明

（一）本工程图纸除注明外，尺寸均以 mm 为单位，标高以 m 为单位。

（二）本工程±0.000 相当于绝对标高。

（三）本工程结构的设计使用年限为 50 年。建筑结构的安全等级为二级，耐火等级为二级。

（四）本工程结构设计按现行国家有关规范规程进行，所依据的主要规范、规程有：

《建筑结构可靠度设计统一标准》GB 50068—2001
《混凝土结构设计规范》GB 50010——2010
《建筑结构荷载规范》GB 50009—2012
《建筑抗震设计规范》GB 50011—2010
《建筑地基基础设计规范》GB 50007—2011
《多孔砖砌体结构技术规范》JGJ 137—2001(2002 年版)
《建筑桩基技术规范》JGJ 94—2008
《工程建设标准强制性条文》(2013 年版)
《高层建筑混凝土结构技术规程》JGJ 3—2010
《工业建筑防腐蚀设计规范》GB 50046—2008
《无粘结预应力混凝土技术规程》JGJ 92—2004 J 409—2005

（五）本工程结构设计所选用的主要标准图集有：
国标《混凝土结构施工图平面整体表示方法制图规则和构造详图》11G101-1；
中南标《钢筋混凝土过梁》92ZG313 过梁荷载等级均采用一级。

（六）本工程基本风压：0.35kN/m²，基本雪荷载 0.45kN/m²。

（七）本工程主要楼面的活荷载标准值有：
客厅： 2.0kN/m²　厨房： 2.0kN/m²　消防疏散楼梯：3.5kN/m²
卧室： 2.0kN/m²　卫生间：2.0kN/m²　不上人屋面： 0.5kN/m²
走廊： 2.0kN/m²　上人屋面：2.0kN/m²　电梯机房： 7.0kN/m²

（八）本工程抗震设防分类为丙类，抗震设防烈度为六度，设计基本地震加速度为 0.05g，设计地震分组为第一组，场地土的类型为二类，建筑的场地类别为二类，剪力墙抗震等级为三级。

（九）本次设计中未考虑冬期及雨期的施工措施，施工单位应据有关施工验收规范采取相应措施。

（十）应严格遵照国家现行各项工验收规范、规程及施工有关规定进行施工，并应与建筑、给排水、电气、暖通、动力等其他专业施工图密切配合施工，其管道孔洞应事先预留，并不得凿。施工中应适当考虑以后装修工程所需的埋件预埋。

（十一）本工程结构专业构造详图，除图中注明外，均按国标《混凝土结构施工图平面整体表示方法制图规则和构造详图》11G101 施工，其中±0.000 以上混凝土环境类别为一类，±0.000 以下混凝土环境类别为二类，建筑防腐护等级为一级。

（十二）未经设计许可，不得改变结构的用途和使用环境。

（十三）本套施工图应在通过审查机构的审查合格后方可用于指导施工。

二、材料

（一）各部位用料

结构部位	混凝土强度等级	钢筋	备注
基础垫层	C15		
桩基础	C25	HPB300 级（Φ） HRB335 级（Φ）	最小水泥用量：300kg/m³ 最大水灰比：0.55
桩承台	C30	HPB300 级（Φ） HRB335 级（Φ）	
基础梁	C30	HPB300 级（Φ） HRB400 级（Φ）	
柱	C35	HPB400 级（Φ）	
梁、板	C35	HPB400 级（Φ）	
构造柱	C20	HPB300 级（Φ） HRB335 级（Φ）	
楼梯	C20	HPB300 级（Φ） HRB335 级（Φ）	

（二）地下室外顶板、屋面板、厨房及卫生间为防水混凝土，抗渗等级为 S6。

（三）混凝土保护层厚度
纵向受力的普通钢筋及预应力钢筋，其混凝土保护层厚度见 11G101-1，并满足以下规定：
1. 基础中纵向受力钢筋的混凝土保护层厚度不应小于 40mm，当无垫层时不应小于 70mm；
2. 池、水箱、水池等直接防水构件，其迎水面混凝土保护层厚度不小于 50mm；地下室底板外侧，地下室外墙外侧的混凝土保护层厚度不小于 50mm。

（四）当柱混凝土强度等级大于梁混凝土强度等级时，梁柱节点处的混凝土应按柱子混凝土强度等级单独浇筑，详见图 1。在混凝土初凝前浇筑完梁板混凝土，并加强混凝土的振捣和养护。

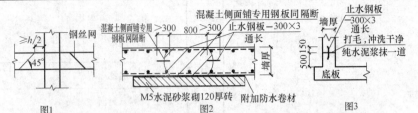

M5 水泥砂浆砌 120 厚砖　　附加防水卷材

图1　　　图2　　　图3

（五）钢筋：Φ表示 HPB300 级钢筋（f_y=270N/mm²），Φ表示 HRB335 级钢筋（f_y=300N/mm²），Φ表示 HRB400 级钢筋（f_y=360N/mm²），预埋件钢板采用 Q235 钢，吊钩采用 HPB300 级钢筋，严禁采用冷拉钢筋加工，抗震等级为一、二级的框架结构，其纵向钢筋的抗拉强度实测值与屈服强度实测值的比值不应小于 1.25，且钢筋的屈服强度实测值与强度标准值的比值不应大于 1.3。

（六）焊条：HPB300 级钢筋采用 E43×✕，HRB335 级钢筋采用 E50×✕，HRB400 钢筋采用 E5003。

（七）墙体材料：
±0.000 以上填充墙均采用 MU10 空心黏土砖，M7.5 水泥砂浆砌筑，其容重不大于 12.0kN/m³；
±0.000 以上填充墙除图上注明外均采用 MU5 混凝土空心砌块，M5 混合砂浆砌筑，其容重不大于 80kN/m³。

三、钢筋的连接及锚固

（一）钢筋的连接：
当采用绑扎搭接接头时，其搭接接头连接区段的长度为 1.3E_{aE}，位于同一连接区段内的受拉钢筋的受接接头截面面积百分率：对梁类、板类及墙类构件≤25%，对柱类构件≤50%，且绑扎搭接接头的搭接长度 $L_1=\zeta L_{aE}$（其中钢筋接头面积百分率≤25%时，ζ=12.25；百分率≤50%时，ζ=1.4），且且 L_1≥300mm。
当采用焊接接头时，其焊接接头的长度为 35d 且不小于 500mm，位于同一连接区段内的受拉钢筋焊接接头面积百分率，不应大于 50%，钢筋直径>22mm 时，应采用焊接连接或机械连接（挤压式栓螺纹连接）。

（二）纵向受拉钢筋的锚固长度 L_{aE} 及 L_a 见 11G101-1。

四、地基与基础

（一）本工程地基基础设计等级为乙级，基础设计根据××勘察设计院××年××月××日提供的××住宅小区岩石工程详细勘察报告书，采用人工挖孔桩基础，基础持力层为⑩中风化粉质泥砂层，其承载力特征值为 3000kPa。本工程场地地下水为不发育，水位为小于−76.5m，对混凝土弱腐蚀性，无可液化土层，场地特征周期为 0.35s，地面粗糙度类别为 C 类。

（二）基槽开挖与回填要求：
1. 深基坑开挖应有详细的施工组织设计，开挖前基坑围护支撑构件均必须达到设计强度；开挖过程中应采取措施组织好基坑抗水及防止地面雨水的流入，并应确保施工降水不对相邻建筑物产生不利影响。
2. 机械挖土时，应在基坑底预留按设计要求分层进行开挖，坑底应保留 200～300mm 土层用人工挖除，灌注桩桩顶应妥善保护，防止挖土机械撞击，并严禁在工程桩上设支撑。
3. 基坑挖土时，其分层夯实的填土，不得使用淤泥、耕土、冻土、混凝土以及有机含量大于 5%的土。
4. 基坑回填时，应先将地坑内的建筑垃圾清理干净，并将填土分层夯实回填，分层厚度≤300mm，压实系数≥0.94，夯实填土的施工缝各层应错开搭接。在施工缝的搭接处，应当适当增加夯实次数，若在雨期或冬期施工时，应采用有效防渗、防冻措施。
5. 当基础超出±0.000 标高后，也应将基础底面以上的填土夯实施工完毕。
6. 当无地下室时，其地坪垫层以下及基础底面标高以上的回填要求同上。

（三）地下室底板
1. 地下室底板混凝土：当设后浇带时，后浇带一侧的地下室底板混凝土应一次浇捣完成。
2. 凡属大体积混凝土的地下室底板施工时，应采用低热水泥，掺有外加剂或利用混凝土的后期强度等措施来降低水泥用量，并控制混凝土的浇灌速度，且切实做好混凝土早期养护工作，混凝土中心与混凝土表面、混凝土表面与外部温差均控制在 25°内以内。
3. 地下室底板受力钢筋应采用焊接或机械连接，并且同一截面内接头数量不得大于 50%，且有接头的截面之间的距离不得小于 35d。

（四）地下室外墙
1. 地下室外墙预留、预埋的设备管道套管及留洞位置详见有关图纸，混凝土浇筑前，有关施工及安装单位应互相配合核对相关图纸，以免遗漏或差错。
2. 地下室混凝土外墙与剪力墙的水平钢筋连接及暗柱等构造见国标 11G101-1 剪力墙有关内容。

3. 地下室外墙每层水平施工缝间混凝土应一次浇捣完，混凝土应分层浇捣，分层振捣夯实，不得在墙体留任何竖向施工缝（不包括设计要求的施工缝后浇带）。
4. 地下室外墙施工缝后浇带做法见图 2，其混凝土强度等级应相应提高一级。
5. 地下室底板与外墙板施工缝做法见图 3。
6. 管道穿地下室外墙时应预埋套管或钢筋，穿墙用的给排水管除图中注明外按给排水标准图集 S312 中 S3 采用（II）型刚性防水套管，群管穿墙除已有详图外，可按图 5 施工，洞口尺寸 L×H 见有关平面图。
7. 电缆管穿墙除详图已有注明者外按图 4 施工。

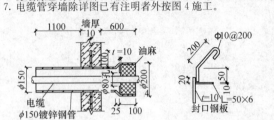

图4

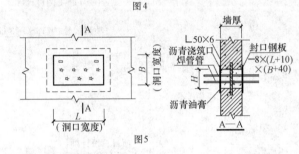

图5

（五）地基基础持力层的检验
1. 当为天然基础时，基槽（坑）开挖后，应用触探或其他方法进行基槽检验，具体方法应与甲方、质监、勘察、监理、施工等协商后再确定。
2. 人工挖孔桩成孔时，应进行桩端持力层检验。单柱单桩的大直径桩，应在孔底超前钻透孔对孔底下 3d 或 5mm 深度范围内持力层进行检验。查明是否存在溶洞、破碎带和软夹层及人防洞等，并应提供勘探报告。

（六）沉降观测
应按规范要求设置观测点进行沉降观测，观测应从基础施工起直到建筑物沉降基本确定为止，具体要求可参见《建筑变形测量规范》JGJ 8—2007 有关内容，施工中如发现异常情况，应及时通知设计院以便处理。

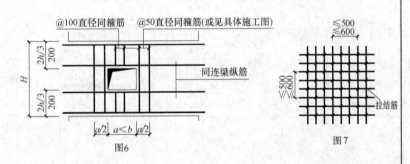

图6　　　图7

建设单位	×××			项目代号	0718	项目阶段	施工图设计
项目名称	某住宅小区						
××设计研究院 设计证书甲级		项目负责人	××				
		审 定	××	专业	图号		张数
建筑结构设计总说明(一)		审 核	××	结构	GS-03		16
		校 对	××				
		设 计	××	比例		日期	××年××月

建筑结构设计总说明(二)

五、剪力墙构造

(一)剪力墙拉结筋构造见图 7。

地下室部分:墙厚≥400mm 时为Φ8@500,其余为Φ8@600,地下室以上部分均为Φ8@600,且均为梅花状。

(二)剪力墙约束边缘构件设置:

一、二级抗震设计的剪力墙底部加强部位及上一层的墙肢端部应按 11G101-1 设置约束边缘构件。

(三)剪力墙竖向及水平分布钢筋连接:

剪力墙竖向及水平分布钢筋具体连接大样详图见国标 11G101-1。

(四)剪力墙暗柱及墙体主筋锚固与搭接构造

1. 剪力墙暗柱及端柱主筋应优先采用机械连接,或者采用焊接连接,具体连接要求同框架柱。
2. 上层或下层无洞时,暗柱主筋锚固见图 8。
3. 上层或下层错洞时,暗柱主筋锚固见图 9。

(五)连梁配筋构造

1. 剪力墙水平分布钢筋作为梁的腰筋在连梁范围内拉通连续配置,图中所配置的连梁的腰筋为另外附加配置的腰筋。
2. 横墙小墙垛处主筋锚固构造见图 10。
3. 连梁留洞构造见图 13 及图 6。

(六)剪力墙开小洞构造详见图 11。

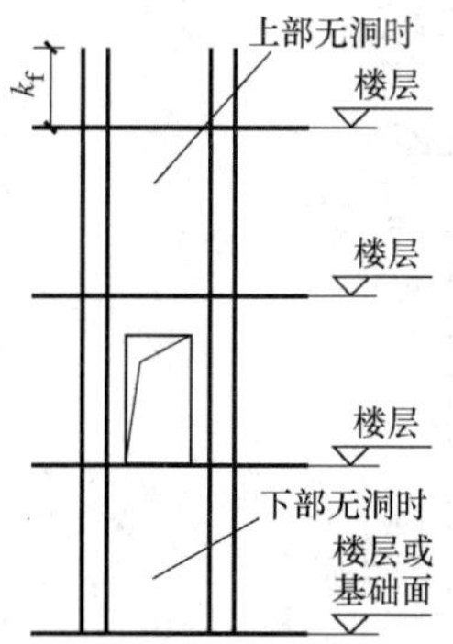

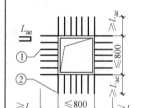

图8

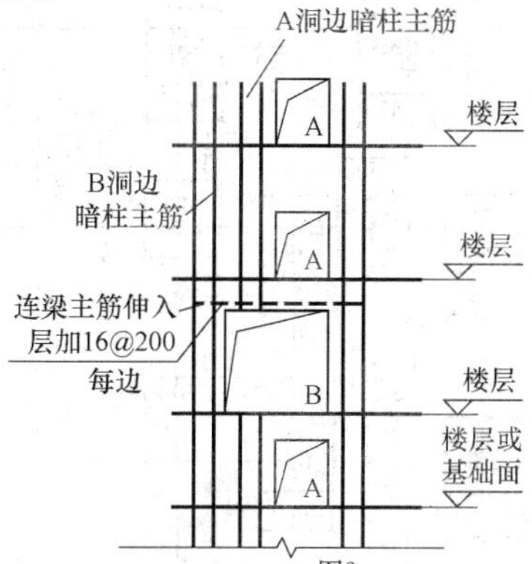

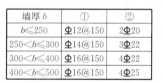

图9

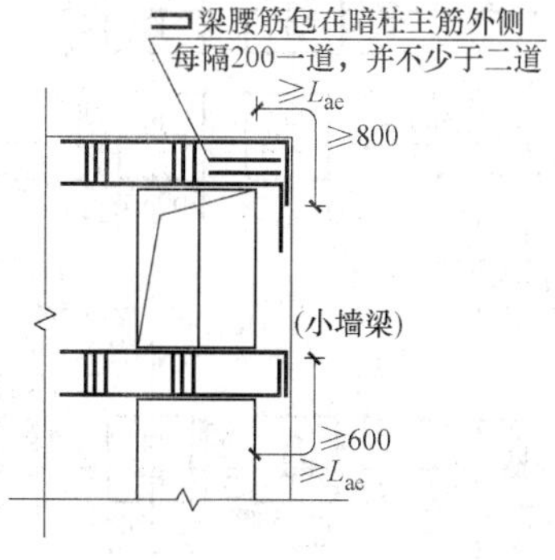

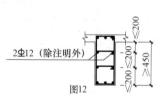

图10

图11

墙厚 b	①	②
b≤250	Φ12@150	2Φ20
250<b≤300	Φ14@150	3Φ22
300<b≤400	Φ16@150	4Φ22
400<b≤500	Φ16@150	4Φ25

图12

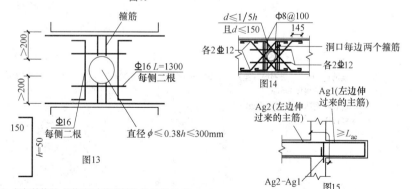

图13

图14

图15

六、框架结构梁、柱构造(未注明做法见 11G101-1)

(一)框架柱纵筋构造

1. 框架的各部位柱的纵筋连接应优先采用机械连接接头,或者焊接接头,钢筋连接范围内箍筋间距同加密区箍筋间距。
2. 框架柱的纵筋不应与箍筋、拉筋及预埋件等焊接。
3. 抗震等级为一级及二级的框架角柱的箍筋应全高范围加密。

(二)框架梁纵筋构造

1. 在框架梁的纵向钢筋连接区段范围内,其箍筋应加密,间距≤100mm。
2. 框架梁的纵向钢筋不应与箍筋、拉筋及预埋件等焊接。
3. 与剪力墙相连的梁,其构造均按框架梁处理,当上部筋水平锚固长度不满足要求时,在钢筋弯折处焊 2Φ12 锚固钢筋。
4. 框架梁带短悬臂时(即框架梁主筋大于悬臂梁主筋)的主筋锚固的构造详见图 15。
5. 当梁的腹板高度≥450mm 时,梁侧面构造钢筋做法详见图 12。
6. 梁上开小圆孔构造见图 14。

七、次梁与楼板构造

(一)次梁或楼板的通长纵筋、面筋应在跨中附近绑扎搭接,底筋应在支座处绑扎搭接。

(二)当次梁与主梁同高时,次梁主筋应放在主梁主筋之上,详见图 16。

(三)膨胀加强带大样详见图 17,施工时应在膨胀带的两侧架设钢丝网Φ5@50,并采取有效措施,防止带外混凝土流入。

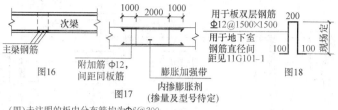

图16

图17

图18

(四)未注明的板内分布筋均为Φ6@200。

(五)双向板的短跨主筋应设在长跨主筋的下皮。

(六)双层配筋的现浇板应设置"几"字形的支撑钢筋,详见图 18。

(七)凡图中管道井口处,相邻楼板钢筋应通过不断,如井边为梁时,孔内楼板厚度范围内应留Φ8@150(双层双向插筋)。待管道安装完毕后,管道井内楼板用 C25 混凝土逐层封堵。

(八)外露的现浇挑檐、阳台等外露结构施工时,应加强养护。

(九)非受力向梯板与剪力墙紧靠时,剪力墙内应设拉结筋与楼板连接,详见图 19。

(十)楼板开洞,当洞口尺寸≤300mm×300mm 时,洞边不加钢筋,但板内钢筋不得切断,应沿洞边通过,当洞口尺寸>300mm×300mm 时,洞口应附加钢筋。

(十一)当楼板上有隔墙,未设梁而直接支承在板上时,楼板板底钢筋除详图中注明者外,应沿砖墙方向附加钢筋,详见图 20。

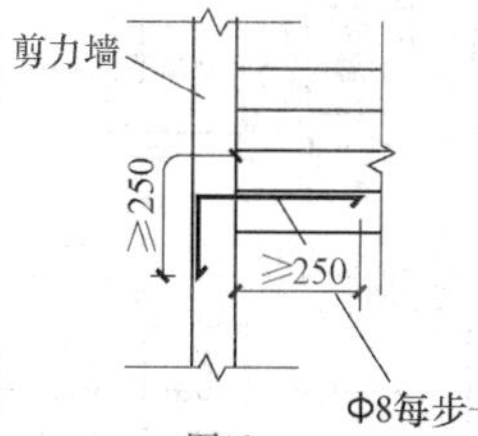

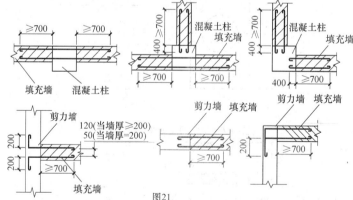

图19

图20

布筋范围内支座筋为原板内支座筋×2

(即间距加密，为原间距的一半)

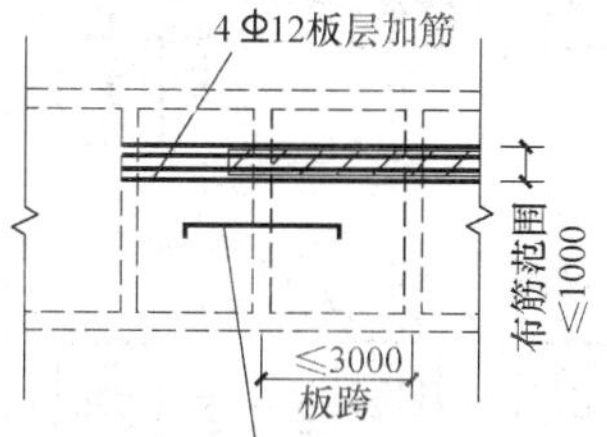

八、建筑非结构构件的构造措施

(一)填充墙与钢筋混凝土结构的连接。

1. 剪力墙应沿框架柱或钢筋混凝土墙全高每隔 500mm 设 2Φ6 拉结,详见图 21。当填充墙的墙厚≤200mm 时,其洞口两侧的填充墙墙长小于 400mm,填充墙的墙厚>200mm,其洞口两侧的填充墙墙长<370mm 时,均应用钢筋混凝土框代替,内配 4Φ12,Φ8@200。
2. 填充墙的墙长大于 5m 时,墙顶应与梁或板有拉结,详见图 22。

(二)构造柱及圈梁的设置。

1. 所有构造柱应先砌墙后浇筑,并应预留马牙槎,且设置拉结筋,上下与梁或板连接,详见图 22。

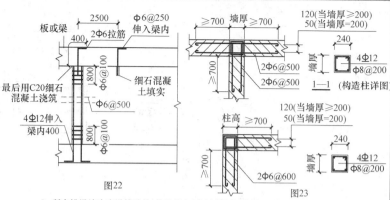

图21

图22

图23

2. 所有挑梁墙头应设构造柱,构造柱与填充墙同高,按图 22 施工。
3. 当填充墙墙长大于等于两倍层高(或间距>3.0m)时,应在墙中部设构造柱(构造柱间距不大于 1 层高),详见图 22。
4. 填充墙墙厚为 120mm 时,应在门窗洞顶或半层高位置设置圈梁,详见图 23。当填充墙墙厚不小于 180mm 时,墙高大于等于 4m 时,应在门窗洞顶或半层高位置设置圈梁,详见图 23。

(三)过梁及梁下吊板的设置。

1. 所有门窗洞口顶应设置过梁,过梁选自中南标 92ZG313,荷载等级为 1,过梁遇柱则应现浇,铜筋锚入柱内 L_{aE}。
2. 当过梁底标高与框架梁底标高接近时,过梁应与楼面梁整浇,详见图 24。
3. 当梁底与门窗洞顶不在同一标高,而又未设置过梁时,应在梁底设置吊板,详见图 25。

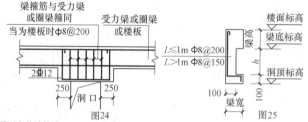

图24

图25

(四)屋面女儿墙构造。

1. 出屋面女儿墙构造柱,除图中注明者外,应在每个开间设置构造柱,且构造柱间距不应大于 4m,做法按图 22。构造柱截面为 240mm×240mm,内配 4Φ14,Φ8@200,主筋锚入屋面梁内及女儿墙顶圈梁或压顶 35d。
2. 屋面女儿墙顶应设置圈梁,且圈梁应沿墙高每隔 1～2m 增设一道,圈梁截面为 240mm×240mm,内配 4Φ12,Φ8@200。

九、其他说明

(一)本工程电梯基坑未设在地下室底板时,其电梯均应采用自备配重挚动钳的电梯。电梯井道施工时,应与建筑及电梯厂家提供的施工图纸相互核对,确认各种开洞留孔、预埋件位置尺寸正确无误。同时应加强井道四周墙体垂直校核,使偏差控制在电梯安装的允许范围以内。

(二)水泥水箱施工时应与水池图纸相互复核,穿墙水管应按给水排水标准图集 S312 正确选定水池水箱的池壁、池底板,应按选定的抗渗等级混凝土一次浇捣完成。

(三)剪力墙和梁板的留洞。预埋件及楼梯栏杆和阳台等的预埋件,应在施工前均应与有关专业图纸相互核对,密切配合施工。若发现问题,应与设计院及时联系,以免差错和遗漏。

(四)所有外露铁件均应涂红丹二度。

(五)悬挑构件需待混凝土强度达到 100%方可拆模。

(六)所有材料均应有国家生产许可证及出厂合格证,并应进行检测,合格后方可使用。

(七)房屋装修时,严禁改变主体结构及增加使用荷载。

(八)其他未尽事项,均按国家现行有关各种施工规范和规程执行。

(九)东西向外墙采用挤塑板进行结构保温隔热,具体做法由厂家提供方案经设计院认可后方可施工。

(十)所有上、下水管道及其他设备孔洞均须预留不得后凿,现浇板分布筋均为Φ8@200,卫生间、厨房现浇板均向上卷边高出相应楼面 400mm,卷边宽 120mm,配筋见图 26。

屋顶女儿墙(或四周墙)下梁均向上卷边高出相应屋面 600mm,卷边宽 120mm,配筋见图 26。

图26

××设计研究院 设计证书甲级	建设单位	×××			项目代号	0718	项目阶段	施工图设计
	项目名称	某住宅小区						
	建筑结构设计总说明(二)		项目负责人	××	专业	图号		张数
			审　定	××	结构	GS-03a		13
			审　核	××				
			校　对	××				
			设　计	××	比例		日期	××年××月

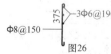

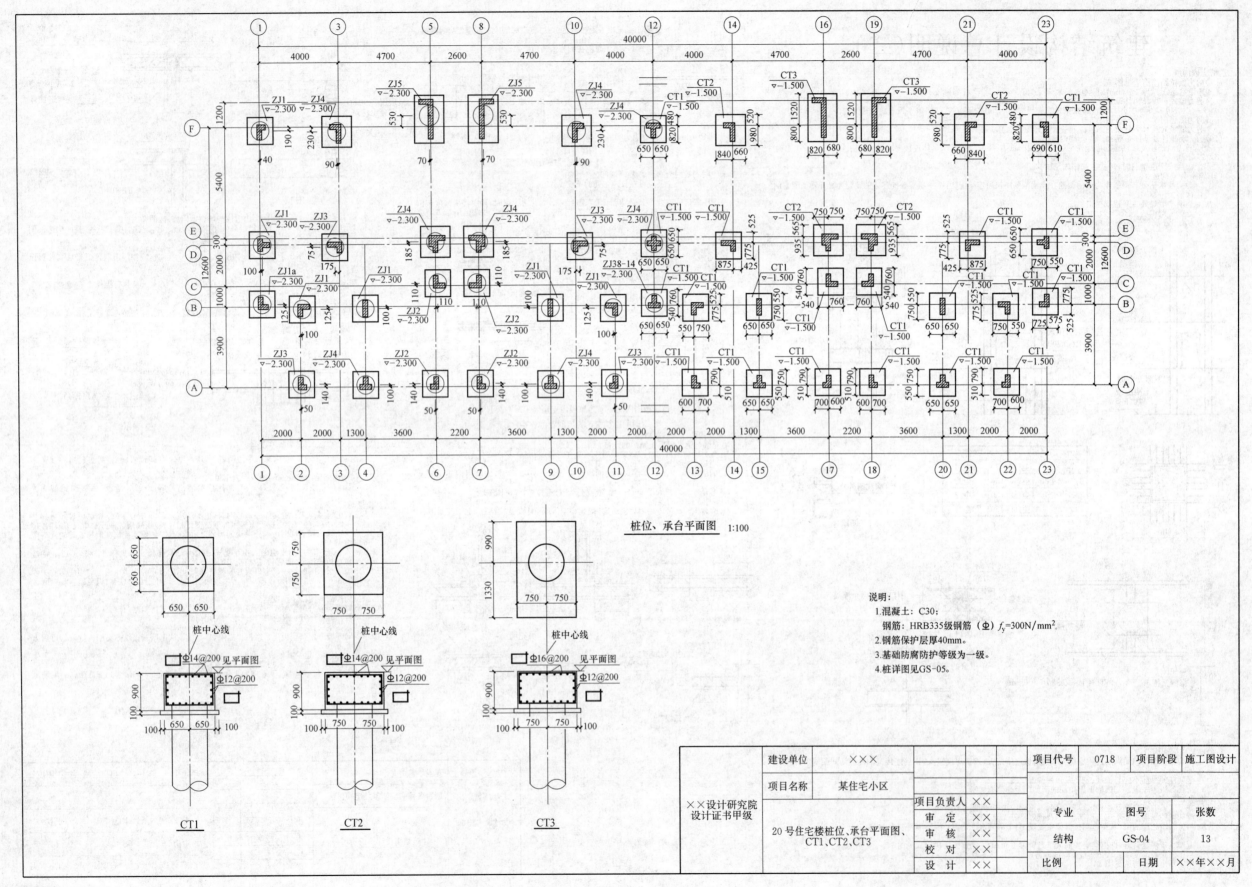

桩位、承台平面图 1:100

说明：
1. 混凝土：C30；
   钢筋：HRB335级钢筋（Φ）$f_y=300N/mm^2$。
2. 钢筋保护层厚40mm。
3. 基础防腐防护等级为一级。
4. 桩详图见GS-05。

CT1

CT2

CT3

建设单位	×××		项目代号	0718	项目阶段	施工图设计
项目名称	某住宅小区					
××设计研究院 设计证书甲级	项目负责人	××	专业	图号		张数
	审 定	××	结构	GS-04		13
20号住宅楼桩位、承台平面图、 CT1、CT2、CT3	审 核	××				
	校 对	××	比例		日期	××年××月
	设 计	××				

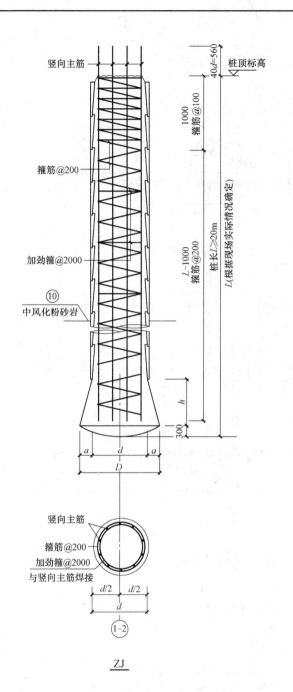

人工挖孔桩桩基尺寸配筋一览表

| 名称 | 编号 | 桩径 | 扩底尺寸 | | | 竖向主筋 | 箍筋 | 加劲箍 | 截断竖向主筋根数 | 单桩承载力特征值(kN) |
		d(mm)	D(mm)	a(mm)	h(mm)					
ZJ	ZJ-1	900				10Φ18	Φ8	Φ14@2000	5	1900
	ZJ-2	900	1000	50	200	10Φ18	Φ8	Φ14@2000	5	2350
	ZJ-3	900	1100	100	300	10Φ18	Φ8	Φ14@2000	5	2840
	ZJ-4	900	1200	150	450	10Φ18	Φ8	Φ14@2000	5	3390
	ZJ-5	1000	1300	150	450	12Φ18	Φ8	Φ14@2000	6	3970

注：桩端进入中风化岩时所有竖向主筋不得截断。

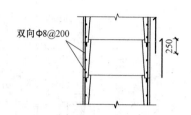

挖孔桩护壁加筋图

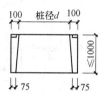

挖孔桩护壁大样

说明：

1. 本表尺寸单位除标高为m外，其余均为mm。
2. 混凝土垫层：C15，桩：C25，桩护壁：C20。
   钢筋：HRB335级钢筋（Φ）f_y=300N/mm²；HPB300级钢筋(φ)f_y=270N/mm²。
3. 钢筋保护层厚50mm。
4. 桩顶嵌入承台尺寸100mm，嵌入部分及与承台接触的桩周打毛，桩内钢筋呈伞形锚入承台内，长度≥40d。
5. 本工程基础设计根据××设计院×××年××月××日提供的《××住宅小区岩土工程详细勘察报告》进行设计。
   本工程采用人工挖孔桩，基础桩身必须进入⑩中风化粉砂岩层不小于1000mm，其桩端端阻力特征值为3000kPa。
   具体施工时须严格按国家现行有关规范进行，桩施工完毕后必须逐根进行可靠检测，合格后方可继续施工上部结构。
6. 桩开挖后，岩土条件与原勘察资料不符时，请及时通知设计、勘察，以便及时处理。
7. 桩孔开挖后，必须进行施工勘探，要求探明桩底下3倍桩径（且不小于5m）深度有无黏土夹层（或人防洞），如发现请及时通知设计、勘察，以便及时处理。
8. 桩孔开挖到位后，必须经施工、建设、勘察、质监、设计等部门共同验孔，满足设计要求后，方可浇筑混凝土。
9. 桩孔开挖至设计标高后，孔底不应积水，终孔后应清理好护壁上的淤泥和孔底残渣、积水，然后进行隐蔽工程验收。验收合格后，应立即封底和浇筑桩身混凝土。
10. 应采取有效措施防止地下渗水量过大对混凝土浇筑质量产生影响。
11. 本图中d表示桩直径，D表示桩扩大直径；桩中心距小于1.5D时，施工应采用跳挖。
12. 桩孔开挖时应保证施工安全，桩孔护壁由施工单位现场确定（混凝土护壁见大样图）。
13. 桩施工应进行深层板荷实验，桩数为1%，且不小于3根。

	建设单位	×××					项目代号	0718	项目阶段	施工图设计
××设计研究院设计证书甲级	项目名称	某住宅小区								
			项目负责人	××			专业	图号		张数
	20号住宅楼桩基础详图		审 定	××						
			审 核	××			结构	GS-05		13
			校 对	××						
			设 计	××			比例		日期	××年××月

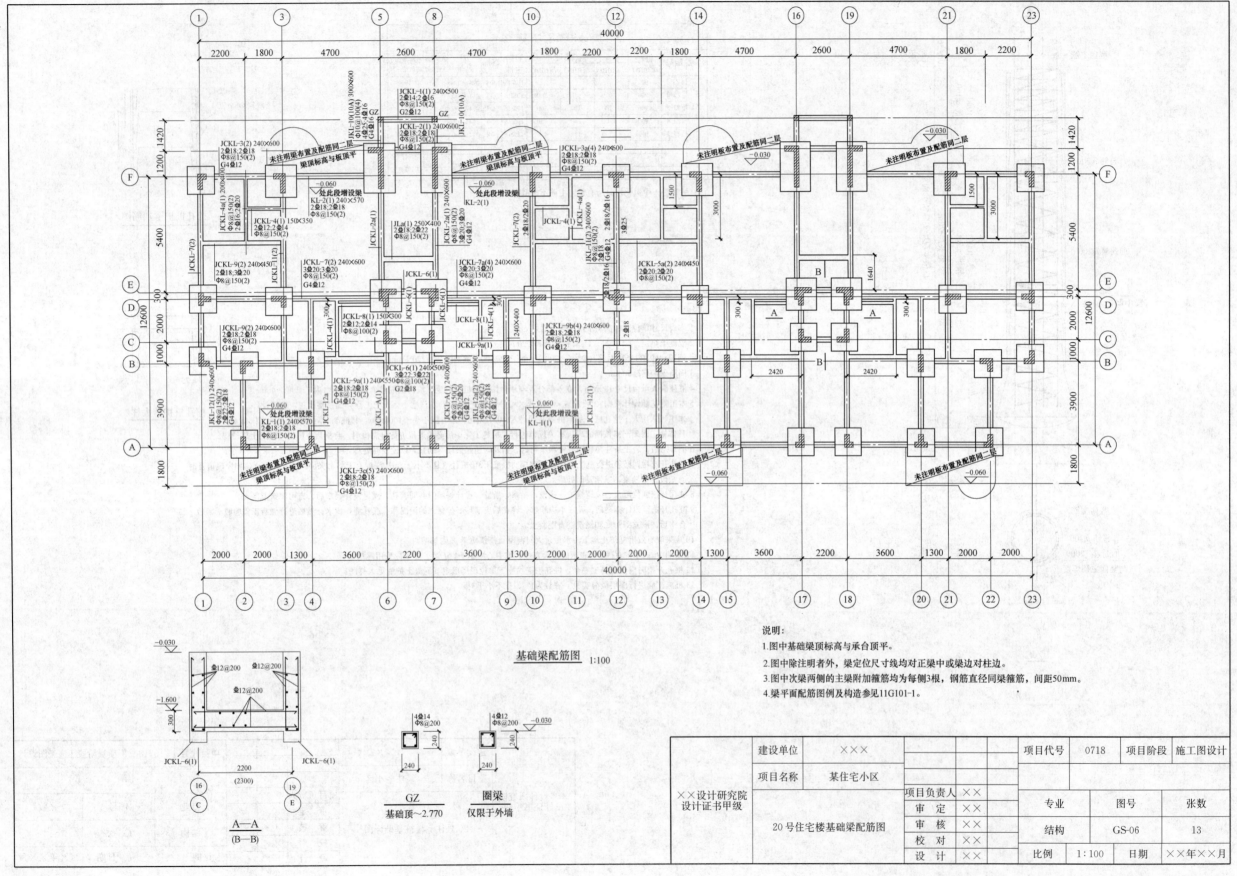

基础梁配筋图 1:100

A—A
(B—B)

GZ
基础顶~2.770

圈梁
仅限于外墙

说明:
1.图中基础梁顶标高与承台顶平。
2.图中除注明者外,梁定位尺寸线均对正梁中或梁边对柱边。
3.图中次梁两侧的主梁附加箍筋均为每侧3根,钢筋直径同梁箍筋,间距50mm。
4.梁平面配筋图例及构造参见11G101-1。

建设单位	×××		项目代号	0718	项目阶段	施工图设计
项目名称	某住宅小区					

××设计研究院
设计证书甲级

20号住宅楼基础梁配筋图

项目负责人	××
审　定	××
审　核	××
校　对	××
设　计	××

专业	图号	张数
结构	GS-06	13
比例	1:100	日期	××年××月

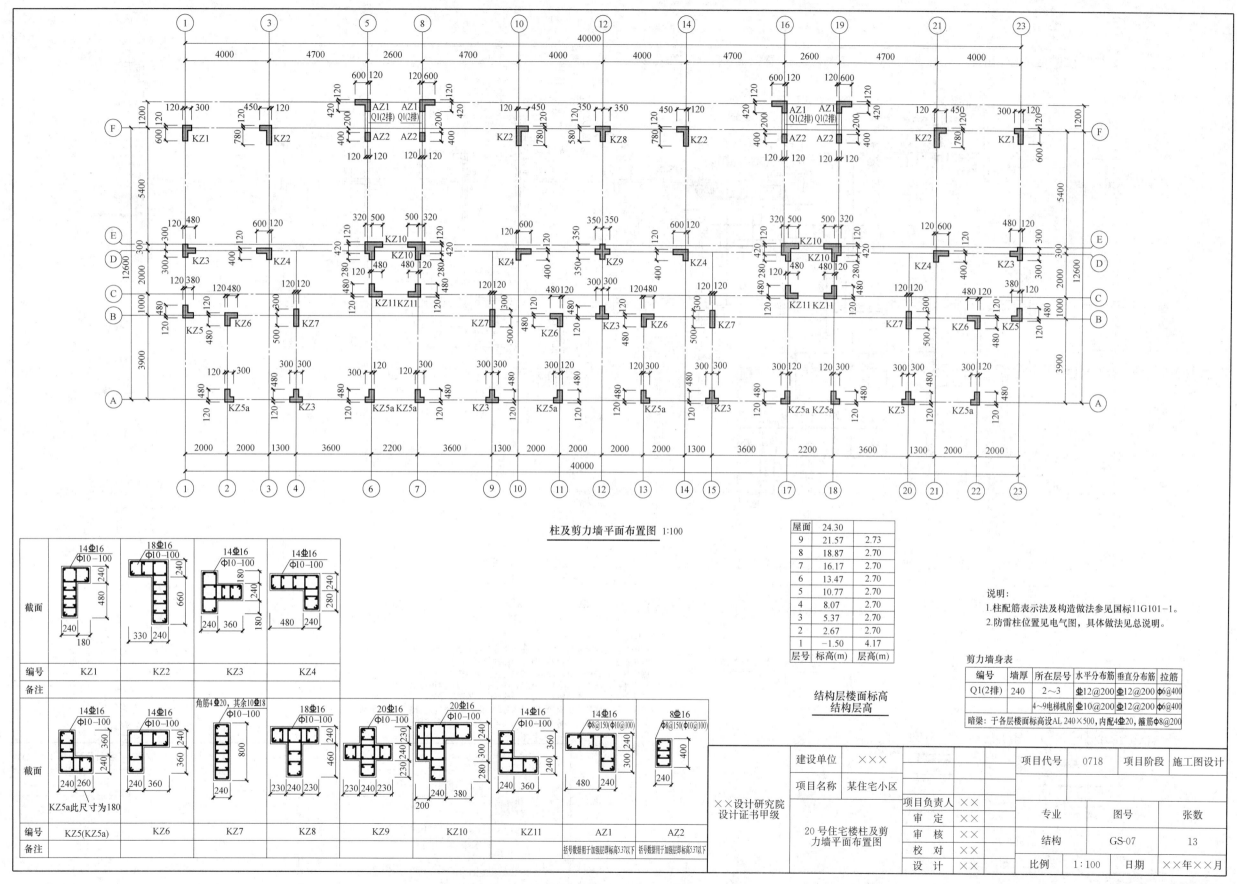

柱及剪力墙平面布置图 1:100

结构层楼面标高
结构层高

柱配筋表

截面	KZ1	KZ2	KZ3	KZ4
编号	KZ1	KZ2	KZ3	KZ4
备注			角筋4Φ20,其余10Φ18	

截面	KZ5(KZ5a)	KZ6	KZ7	KZ8	KZ9	KZ10	KZ11	AZ1	AZ2
编号	KZ5(KZ5a)	KZ6	KZ7	KZ8	KZ9	KZ10	KZ11	AZ1	AZ2
备注	KZ5a此尺寸为180							括号数据用于加强层即标高5.37以下	括号数据用于加强层即标高5.37以下

结构层楼面标高表

屋面	24.30	
层号	标高(m)	层高(m)
9	21.57	2.73
8	18.87	2.70
7	16.17	2.70
6	13.47	2.70
5	10.77	2.70
4	8.07	2.70
3	5.37	2.70
2	2.67	2.70
1	-1.50	4.17

说明:
1.柱配筋表示法及构造做法参见国标11G101-1。
2.防雷柱位置见电气图,具体做法见总说明。

剪力墙身表

编号	墙厚	所在层号	水平分布筋	垂直分布筋	拉筋
Q1(2排)	240	2~3	Φ12@200	Φ12@200	Φ6@400
		4~9电梯机房	Φ10@200	Φ12@200	Φ6@400

暗梁:于各层楼面标高设AL 240×500,内配4Φ20,箍筋Φ8@200

建设单位	×××		项目代号	0718	项目阶段	施工图设计
项目名称	某住宅小区					
××设计研究院 设计证书甲级	20号住宅楼柱及剪力墙平面布置图	项目负责人	××	专业	图号	张数
		审定	××			
		审核	××	结构	GS-07	13
		校对	××			
		设计	××	比例	1:100	日期	××年××月

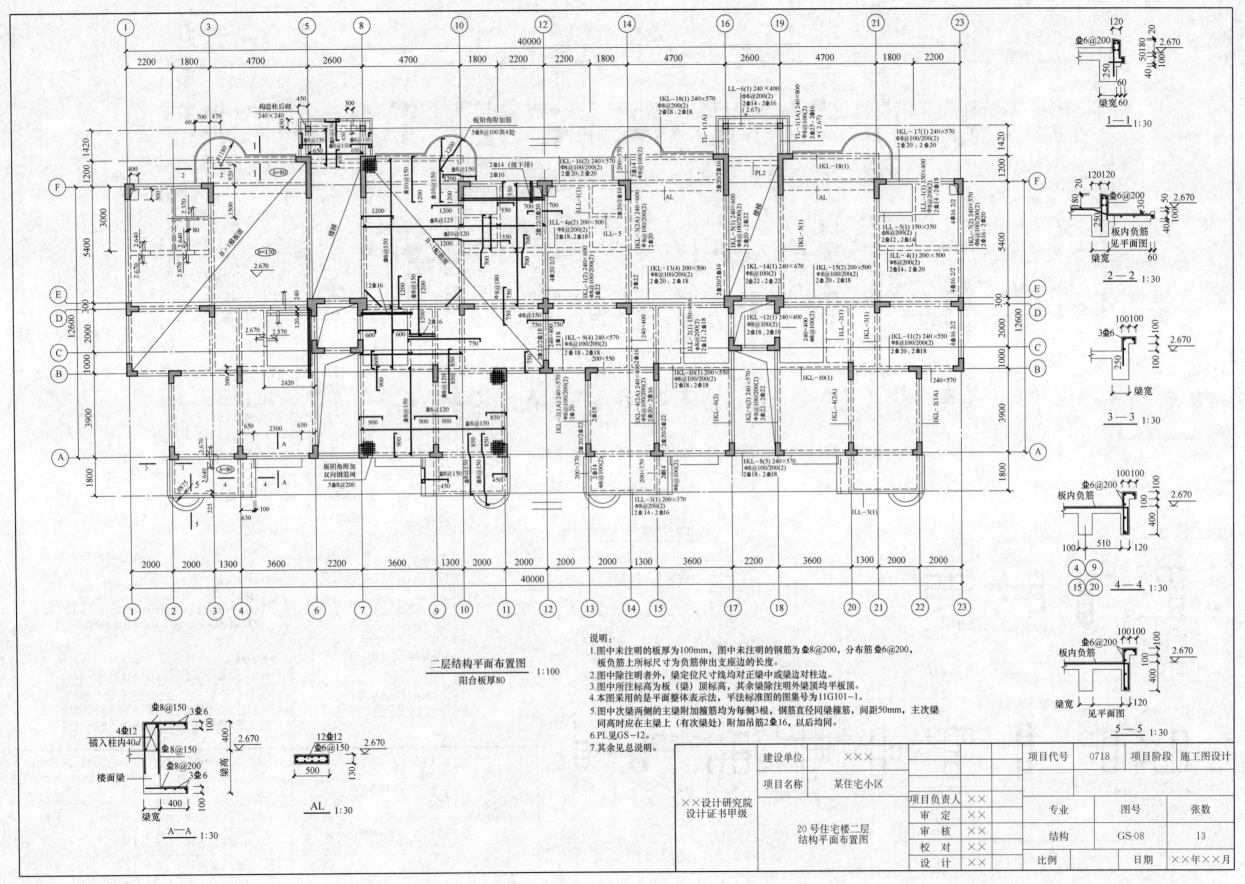

二层结构平面布置图 1:100
阳台板厚80

说明：
1.图中未注明的板厚为100mm，图中未注明的钢筋为Φ8@200，分布筋Φ6@200，板负筋上所标尺寸为负筋伸出支座边的长度。
2.图中除注明者外，梁定位尺寸线均对正梁中或梁边对柱边。
3.图中所注标高为板（梁）顶标高，其余梁除注明外梁顶均平板顶。
4.本图采用的是平面整体表示法，平法标准图的图集号为11G101-1。
5.图中次梁两侧的主梁附加箍筋均为每侧3根，钢筋直径同梁箍筋，间距50mm，主次梁同高时应在主梁上（有次梁处）附加吊筋2Φ16，以后均同。
6.PL见GS-12。
7.其余见总说明。

建设单位	×××		项目代号	0718	项目阶段	施工图设计
项目名称	某住宅小区					
××设计研究院 设计证书甲级		项目负责人	××	专业	结构	
		审定	××			
	20号住宅楼二层 结构平面布置图	审核	××	图号	GS-08	
		校对	××	张数	13	
		设计	××	比例		日期	××年××月

86

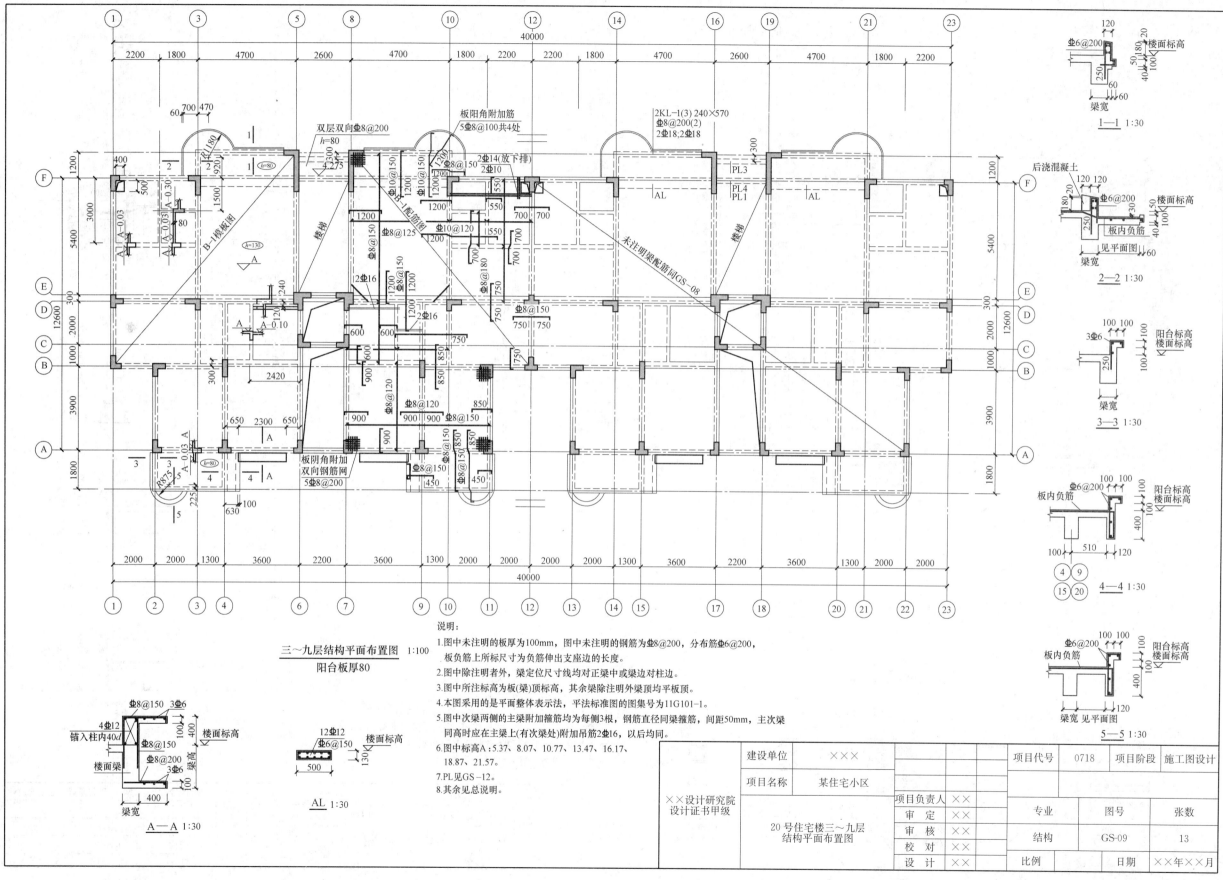

三~九层结构平面布置图 1:100
阳台板厚80

说明:
1.图中未注明的板厚为100mm,图中未注明的钢筋为Φ8@200,分布筋Φ6@200,
　板负筋上所标尺寸为负筋伸出支座边的长度。
2.图中除注明者外,梁定位尺寸线均对正梁中或梁边对柱边。
3.图中所注标高为板(梁)顶标高,其余梁除注明外梁顶均与板顶。
4.本图采用的是平面整体表示法,平法标准图的图集号为11G101-1。
5.图中次梁两侧的主梁附加箍筋均为每侧3根,钢筋直径同梁箍筋,间距50mm,主次梁
　同高时应在主梁上(有次梁处)附加吊筋2Φ16,以后均同。
6.图中标高A:5.37、8.07、10.77、13.47、16.17、
　18.87、21.57。
7.PL见GS-12。
8.其余见总说明。

A—A 1:30

AL 1:30

建设单位	×××		项目代号	0718	项目阶段	施工图设计
项目名称	某住宅小区					
××设计研究院 设计证书甲级		项目负责人	××	专业	图号	张数
		审　定	××			张
20号住宅楼三~九层 结构平面布置图		审　核	××	结构	GS-09	13
		校　对	××			
		设　计	××	比例		日期　××年××月

1—1 1:30
2—2 1:30
3—3 1:30
4—4 1:30
5—5 1:30

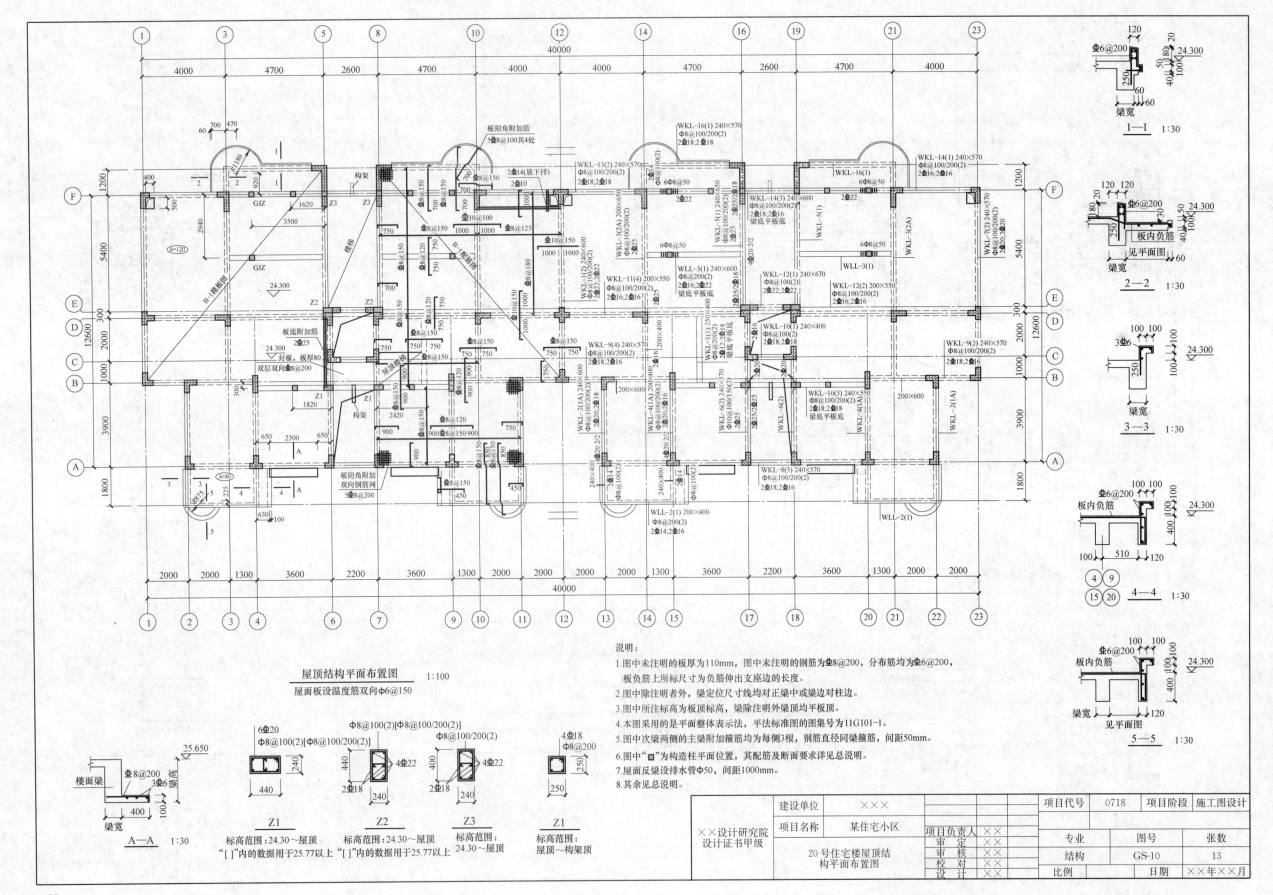

屋顶结构平面布置图   1:100

屋面板设温度筋双向Φ6@150

说明:
1. 图中未注明的板厚为110mm，图中未注明的钢筋为Φ8@200，分布筋均为Φ6@200，板负筋上所标尺寸为负筋伸出支座边的长度。
2. 图中除注明者外，梁定位尺寸线均对正梁中或梁边对柱边。
3. 图中所注标高为板顶标高，梁除注明外梁顶均平板顶。
4. 本图采用的是平面整体表示法，平法标准图的图集号为11G101-1。
5. 图中次梁两侧的主梁附加箍筋均为每侧3根，钢筋直径同梁箍筋，间距50mm。
6. 图中"▨"为构造柱平面位置，其配筋及断面要求详见总说明。
7. 屋面反梁设排水管Φ50，间距1000mm。
8. 其余见总说明。

Z1 标高范围：24.30～屋顶 "[ ]"内的数据用于25.77以上
Z2 标高范围：24.30～屋顶 "[ ]"内的数据用于25.77以上
Z3 标高范围：24.30～屋顶
Z1 标高范围：屋顶～构架顶

A—A   1:30

1—1   1:30
2—2   1:30
3—3   1:30
4—4   1:30
5—5   1:30

建设单位	×××			项目代号	0718	项目阶段	施工图设计
项目名称	某住宅小区	项目负责人	××	专业	图号		张数
		审 定	××				××
20号住宅楼屋顶结构平面布置图		审 核	××	结构	GS-10		13
		校 对	××				
		设 计	××	比例		日期	××年××月

××设计研究院 设计证书甲级

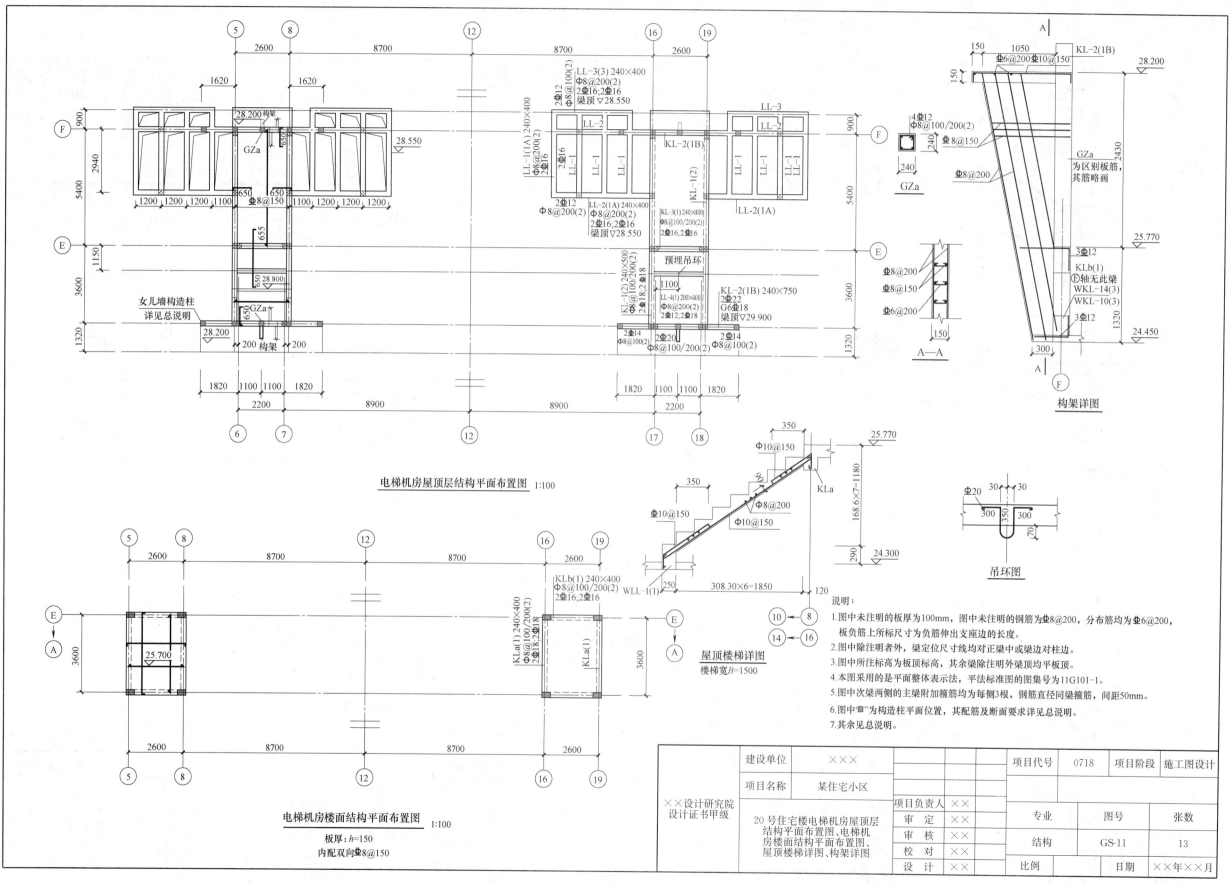

电梯机房屋顶层结构平面布置图 1:100

KL-3(3) 240×400
2φ12
φ8@200(2)
2φ16;2φ16
梁顶▽28.550

LL-3(3) 240×400
2φ12
φ8@200(2)
2φ16;2φ16
梁顶▽28.550

LL-1(1A) 240×400
φ8@200(2)
2φ16

GZa 为区别板筋,其筋略画

4φ12
φ8@100/200(2)
φ8@150

GZa

2φ12
φ8@200(2)
LL-2(1A) 240×400
φ8@200(2)
2φ16;2φ16
梁顶▽28.550

KL-3(1) 240×400
φ8@100/200(2)
2φ16;2φ16

KL-1(2)

KL-2(1B)

预埋吊环

1100

KL-1(2) 240×500
φ8@100/200(2)
2φ18;2φ18

LL-4(1) 200×400
φ8@200(2)
2φ12;2φ18

KL-2(1B) 240×750
2φ22
G6φ18
梁顶▽29.900

φ8@200
φ8@150
φ8@200

A—A

女儿墙构造柱
详见总说明

28.200
200 构架 200

2φ14
φ8@100/200(2)

2φ20
φ8@100/200(2)

2φ14
φ8@100/200(2)

KLb(1)
①轴无此梁
WKL-14(3)
WKL-10(3)

3φ12

3φ12

构架详图

φ10@150
25.770

φ8@200
KLa

φ10@150
φ10@150

168.6×7=1180

WLL-1(1)

308.30×6=1850

24.300

屋顶楼梯详图
楼梯宽B=1500

φ20
300 350 300
70

吊环图

电梯机房楼面结构平面布置图 1:100

板厚:h=150
内配双向φ8@150

KLa(1) 240×400
φ8@100/200(2)
2φ18;2φ18

KLb(1) 240×400
φ8@100/200(2)
2φ16;2φ16

KLa(1)

25.700

说明:
1.图中未注明的板厚为100mm,图中未注明的钢筋为φ8@200,分布筋均为φ6@200,板负筋上所标尺寸为负筋伸出支座边的长度。
2.图中除注明者外,梁定位尺寸线均对正梁中或梁边对柱边。
3.图中所注标高为板顶标高,其余梁除注明外梁顶均平板顶。
4.本图采用的是平面整体表示法,平法标准图的图集号为11G101-1。
5.图中次梁两侧的主梁附加箍筋均为每侧3根,钢筋直径同梁箍筋,间距50mm。
6.图中"■"为构造柱平面位置,其配筋及断面要求详见总说明。
7.其余见总说明。

建设单位	×××		项目代号	0718	项目阶段	施工图设计
项目名称	某住宅小区					
××设计研究院 设计证书甲级	项目负责人	××	20号住宅楼电梯机房屋顶层 结构平面布置图、电梯机 房楼面结构平面布置图、 屋顶楼梯详图、构架详图	专业	图号	张数
	审 定	××		结构	GS-11	13
	审 核	××				
	校 对	××		比例	日期	××年××月
	设 计	××				

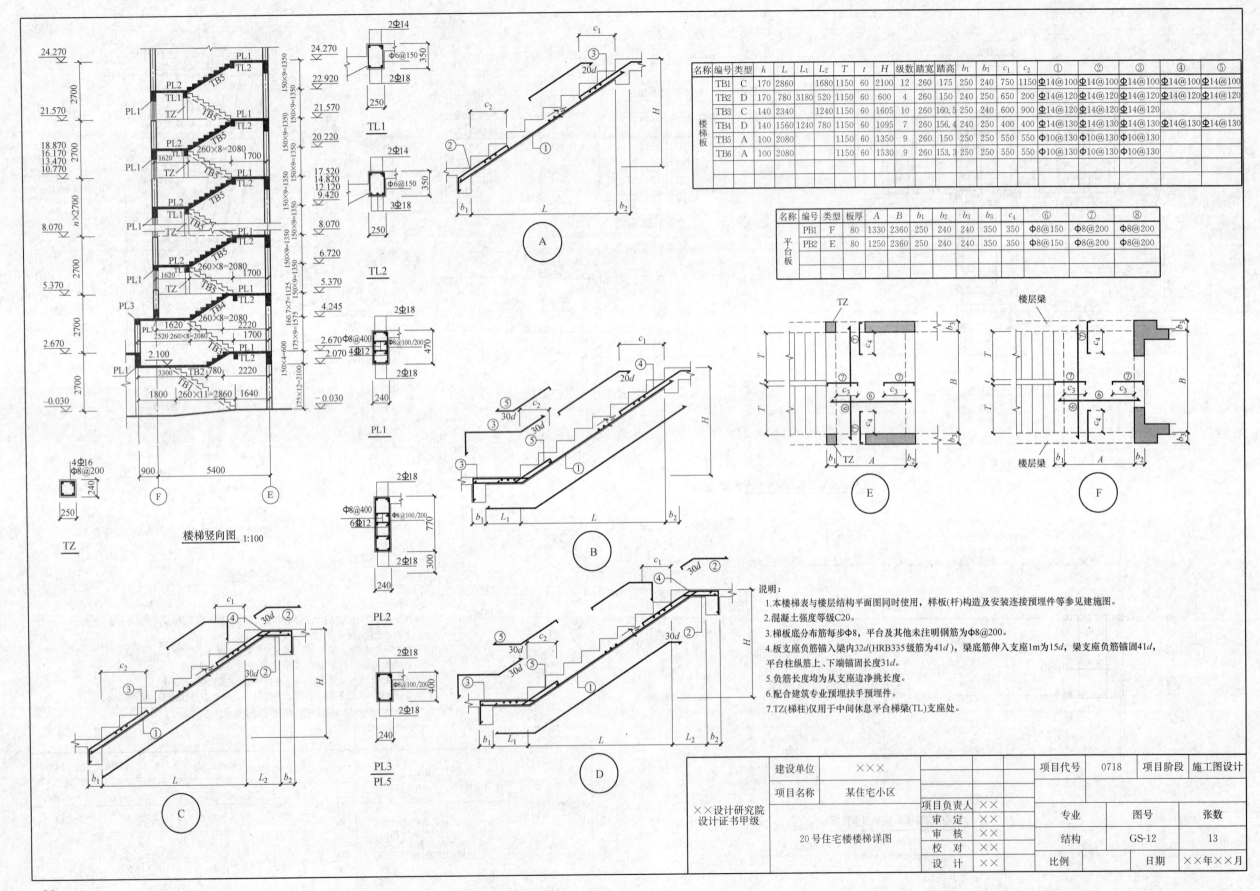

楼梯竖向图 1:100

名称	编号	类型	h	L	L_1	L_2	T	t	H	级数	踏宽	踏高	b_1	b_1	c_1	c_2	①	②	③	④	⑤
楼梯板	TB1	C	170	2860		1680	1150	60	2100	12	260	175	250	240	750	1150	Φ14@100	Φ14@100	Φ14@100	Φ14@100	Φ14@100
	TB2	D	170	780	3180	520	1150	60	600	4	260	150	240	250	650	200	Φ14@120	Φ14@120	Φ14@120	Φ14@120	Φ14@120
	TB3	C	140	2340		1240	1150	60	1605	10	260	160.5	240	600	900		Φ14@120	Φ14@120	Φ14@120		
	TB4	D	140	1560	1240	780	1150	60	1095	7	260	156.4	240	250	400	400	Φ14@130	Φ14@130	Φ14@130	Φ14@130	Φ14@130
	TB5	A	100	2080			1150	60	1350	9	260		250	550	550		Φ10@130	Φ10@130	Φ10@130		
	TB6	A	100	2080			1150	60	1530	9	260	153.3	250	550	550		Φ10@130	Φ10@130	Φ10@130		

名称	编号	类型	板厚	A	B	b_1	b_2	b_3	b_3	c_4	⑥	⑦	⑧
平台板	PB1	F	80	1330	2360	250	240	240	350	350	Φ8@150	Φ8@200	Φ8@200
	PB2	E	80	1250	2360	250	240	240	350	350	Φ8@150	Φ8@200	Φ8@200

TL1
TL2
PL1
PL2
PL3 / PL5

A B C D E F
TZ
楼层梁

说明：
1.本楼梯表与楼层结构平面图同时使用，样板(杆)构造及安装连接预埋件等参见建施图。
2.混凝土强度等级C20。
3.梯板底分布筋每步Φ8，平台及其他未注明钢筋为Φ8@200。
4.板支座负筋锚入梁内32d(HRB335级筋为41d)，梁底筋伸入支座1m为15d，梁支座负筋锚固41d，平台柱纵筋上、下端锚固长度31d。
5.负筋长度均为从支座边净挑长度。
6.配合建筑专业预埋扶手预埋件。
7.TZ(梯柱)仅用于中间休息平台梯梁(TL)支座处。

建设单位	×××			项目代号	0718	项目阶段	施工图设计
项目名称	某住宅小区	项目负责人	××				
		审 定	××	专业	图号	张数	
××设计研究院 设计证书甲级	20号住宅楼楼梯详图	审 核	××	结构	GS-12	13	
		校 对	××	比例		日期	××年××月
		设 计	××				

附录3 某办公楼建施图、结施图

××设计研究院	图纸目录	办公楼 建筑专业

序号	名称	图号	幅面	页码
1	设计说明、首层平面图、图集附图、柱表、门窗表	J-01	A3	92
2	二层平面图、屋顶平面图、构造柱配筋详图	J-02	A3	93
3	南立面图、北立面图	J-03	A3	94
4	1-1剖面图、楼梯、雨篷、踏步、阳台大样	J-04	A3	95

××设计研究院	图纸目录	办公楼 结构专业

序号	名称	图号	幅面	页码
1	柱基平面布置图、基础剖面图	G-01	A3	96
2	基础梁平面布置图、3.600m框架梁配筋图	G-02	A3	97
3	3.600m楼板配筋图、7.200m框架梁配筋图	G-03	A3	98
4	7.200m楼板配筋图、楼梯配筋大样	G-04	A3	99

建筑设计说明

一、建筑室内标高±0.000。

二、本施工图所注尺寸：所有标高以米为单位，其余均以毫米为单位。

三、楼地面：
1. 地面做法参见98ZJ001地19。
2. 楼地面做法参见98ZJ001楼10。

四、外墙面：外墙面做法按90ZJ001外墙22。

五、内墙装修：
1. 房间内墙详见98ZJ001内墙4，面刮双飞粉腻子。
2. 女儿墙内墙详见98ZJ001内墙4。

六、顶棚装修：做法详见98ZJ001顶3，面刮双飞粉腻子。

七、屋面：屋面做法详98ZJ001屋11。

八、散水：
1. 20mm厚1:1水泥石灰浆抹面压光。
2. 60mm厚C15混凝土。
3. 60mm厚中砂垫层。
4. 素土夯实，向外坡4%。

九、踢脚：陶瓷地砖踢脚150mm高。

十、楼梯间：钢管扶手型栏杆，扶手距踏步边50mm。

结构设计说明

一、设计原则和标准
1. 结构的设计使用年限：50年。
2. 建筑结构的安全等级：二级。
3. 地震基本烈度六级：设防烈度6度。
4. 建筑类别及设防标准：丙类；抗震等级为四级。

二、基础
C20独立柱基，C25钢筋混凝土基础梁。

三、上部结构
现浇钢筋混凝土框架结构梁、板、柱混凝土强度等级均为C25。

四、材料及结构说明
1. 受力钢筋的混凝土保护层：基础40mm，±0.000以上板15mm，梁25mm，柱30mm。
2. 所有板底受力钢筋长度为梁中心线长度+100mm（图上未注明的钢筋均为Φ6@200）。
3. 沿框架柱高每隔500mm设2Φ6拉筋，伸入墙内的长度为1000mm。
4. 屋面板为配置钢筋的表面均设置Φ6@200双向温度筋，与板负钢筋的搭接长度150mm。
5. ±0.000以上砌体砖隔墙均用M5混合砂浆砌筑，除阳台、女儿墙采用MU10标准砖外，其余均采用MU10烧结多孔砖。
6. 过梁：门窗洞口均设有钢筋混凝土过梁，按墙宽×200mm×（洞口宽+500mm），配4Φ12纵筋Φ6@200箍筋。

图集附图

图集编号	编号	名称	用料做法
98ZJ001 地19	地19 100mm厚混凝土	陶瓷地砖地面	8~10mm厚地砖(600mm×600mm)铺实拍平，水泥浆擦缝25mm厚1:4干硬性水泥砂浆，面上撒素水泥浆 素水泥浆结合层一道 100mm厚C10混凝土 素土夯实
98ZJ001 楼10	楼10	陶瓷地砖楼面	8~10mm厚地砖(600mm×600mm)铺实拍平，水泥浆擦缝25mm厚1:4干硬性水泥砂浆，面上撒素水泥浆 素水泥浆结合层一道 钢筋混凝土楼板
98ZJ001 内墙4	内墙4	混合砂浆墙面	15mm厚1:1:6水泥石灰砂浆 5mm厚1:0.5:3水泥石灰砂浆
98ZJ001 外墙22	外墙22	涂料外墙面	12mm厚1:3水泥砂浆 8mm厚1:2水泥砂浆木抹搓平 喷或滚刷涂料二遍
98ZJ001 顶3	顶3	混合砂浆顶棚	钢筋混凝土底面清理干净 7mm厚1:1:4水泥石灰砂浆 5mm厚1:0.5:3水泥石灰砂浆 表面喷刷涂料另选
98ZJ001 屋11	屋11	高聚物改性沥青卷材防水，屋面有隔热层，无保温层	35mm厚490mm×490mm，C20预制钢筋混凝土板M2.5砂浆砌巷砖三皮，中距500mm 4mm厚SBS改性沥青防水卷材 刷基层处理剂一遍 20mm厚1:2水泥砂浆找平层 20mm厚(最薄处)1:10水泥珍珠岩找2%坡 钢筋混凝土屋面板，表面清扫干净

柱表

标号	标高(m)	$b×h$	B_1	B_2	H_1	H_2	全部纵筋	角筋	b边一侧中部筋	h边一侧中部筋	箍筋类型号	箍筋
Z1	−0.8~3.6	500×500	250	250	250	250	4Φ25	3Φ22	3Φ22	(1)5×5	Φ10-100/200
	3.6~7.2	500×500	250	250	250	250	4Φ25	3Φ22	3Φ22	(1)5×5	Φ10-100/200
Z2	−0.8~3.6	400×500	250	250	200	250	4Φ25	2Φ22	3Φ22	(2)4×5	Φ10-100/200
	3.6~7.2	400×500	250	250	200	250	4Φ22	2Φ22	3Φ22	(2)4×5	Φ10-100/200
Z3	−0.8~3.6	400×400	200	200	200	200	4Φ25	2Φ22	2Φ22	(2)4×4	Φ8-100/200
	3.6~7.2	400×400	200	200	200	200	4Φ25	2Φ22	2Φ22	(2)4×4	Φ8-100/200

门窗表

门窗编号	门窗类型	洞口尺寸 宽	洞口尺寸 高	数量	备注
M-1	铝合金地弹门	2400	2700	1	46系列(2.0mm厚)
M-2	镶板门	900	2400	4	
M-3	镶板门	900	2100	2	
MC-1	塑钢门联窗	2400	2700	1	窗台高900mm，80系列5mm厚白玻
C-1	铝合金窗	1500	1800	8	窗台高900mm，96系列带纱推拉窗
C-2	铝合金窗	1800	1800	2	窗台高900mm，96系列带纱推拉窗

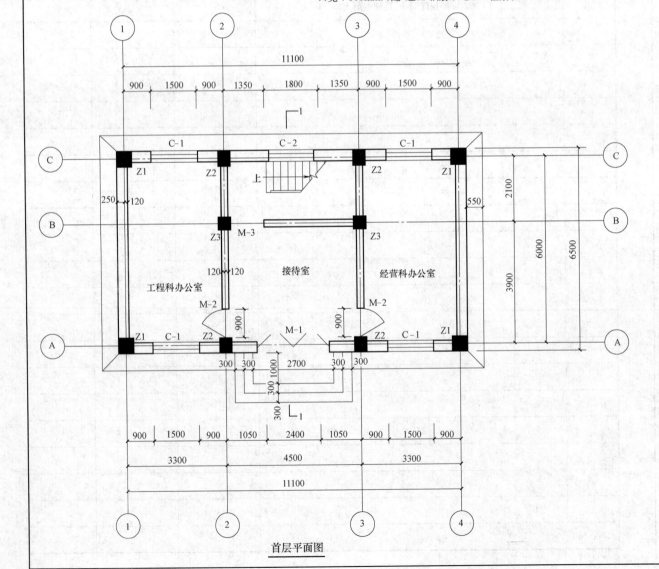

首层平面图

项目名称	办公楼	项目负责人	××	专业		图号		张数	
		审 定	××						
设计说明、首层平面图、图集附图、柱表、门窗表		审 核	××	建筑		J-01		4	
		校 对	××						
		设 计	××	比例		日期	××年××月		

92

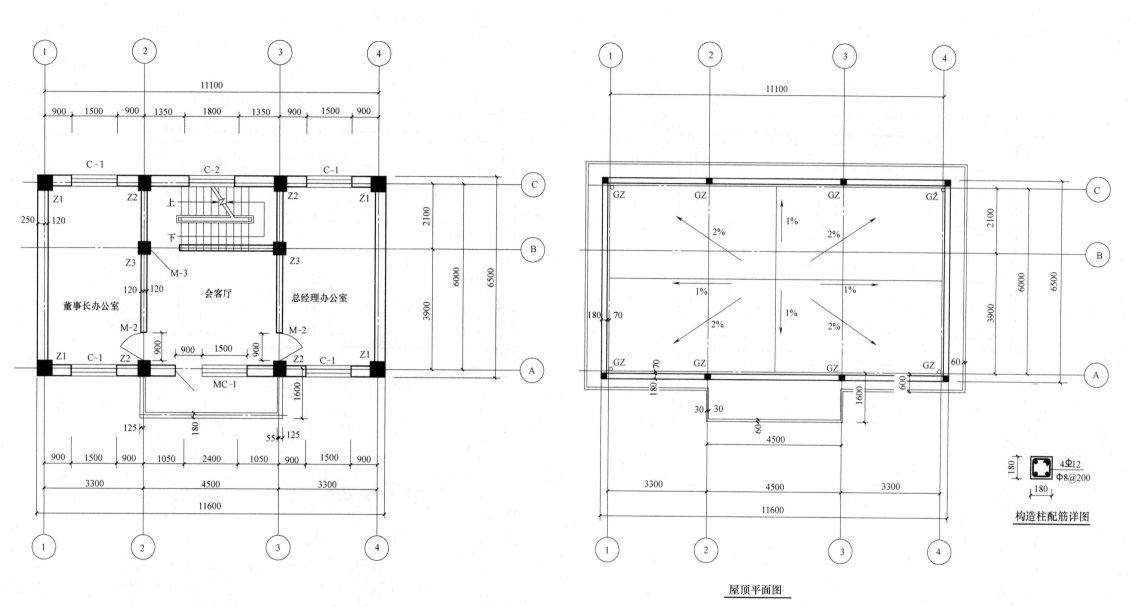

二层平面图

屋顶平面图

构造柱配筋详图

项目名称	办公楼	项目负责人	××	专业		图号		张数
		审 定	××					
二层平面图、屋顶平面图、		审 核	××	建筑		J-02		4
构造柱配筋详图		校 对	××					
		设 计	××	比例		日期	××年××月	

93

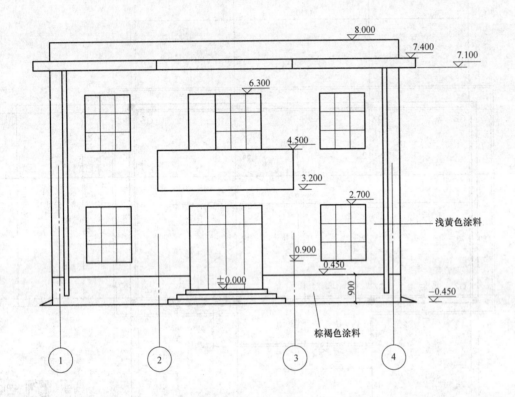

南立面图

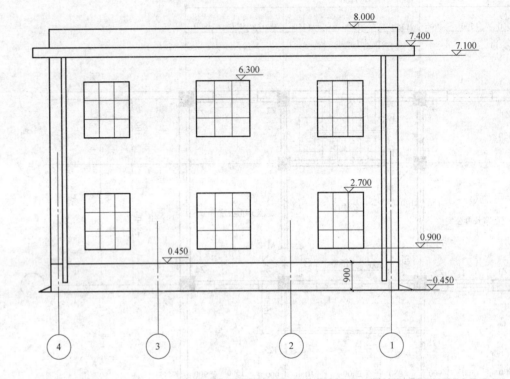

北立面图

项目名称	办公楼	项目负责人	××	专业		图号		张数
		审 定	××					
南立面图、北立面图		审 核	××	建筑		J-03		4
		校 对	××					
		设 计	××	比例		日期	××年××月	

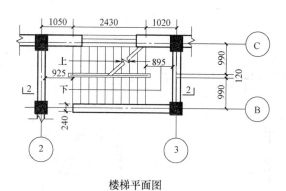

楼梯平面图

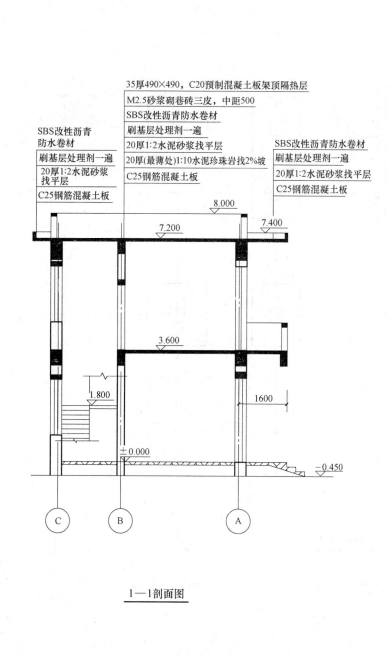

35厚490×490，C20预制混凝土板架顶隔热层
M2.5砂浆砌巷砖三皮，中距500
SBS改性沥青防水卷材
刷基层处理剂一遍
20厚1:2水泥砂浆找平层
20厚(最薄处)1:10水泥珍珠岩找2%坡
C25钢筋混凝土板

SBS改性沥青
防水卷材
刷基层处理剂一遍
20厚1:2水泥砂浆
找平层
C25钢筋混凝土板

SBS改性沥青防水卷材
刷基层处理剂一遍
20厚1:2水泥砂浆找平层
C25钢筋混凝土板

1—1剖面图

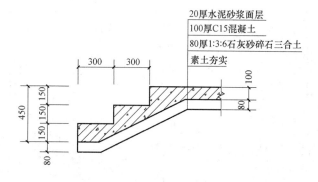

2—2楼梯剖面

20厚水泥砂浆面层
100厚C15混凝土
80厚1:3:6石灰砂碎石三合土
素土夯实

踏步详图

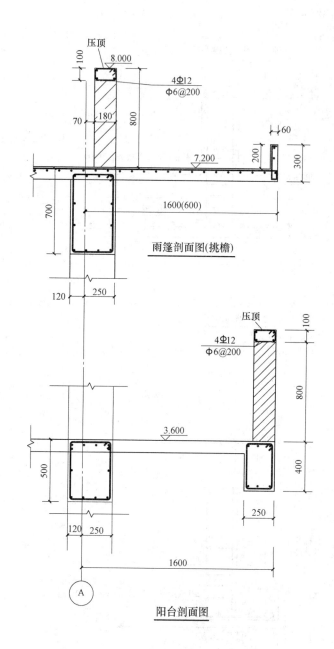

雨篷剖面图(挑檐)

阳台剖面图

项目名称	办公楼	项目负责人	××	专业	图号	张数
		审 定	××			
1-1剖面图、楼梯、雨篷、		审 核	××	建筑	J-04	4
踏步、阳台大样		校 对	××			
		设 计	××	比例		日期 ××年××月

95

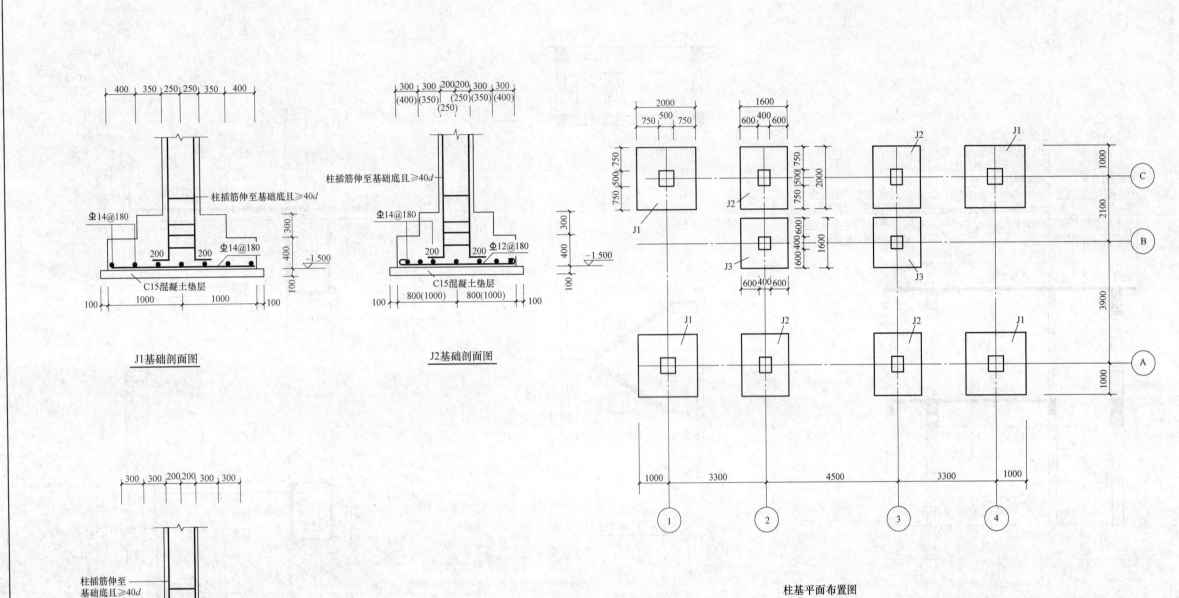

J1基础剖面图

J2基础剖面图

J3基础剖面图

柱基平面布置图

项目名称	办公楼	项目负责人	××	专业		图号		张数
		审 定	××					
柱基平面布置图、基础剖面图		审 核	××	结构		G-01		4
		校 对	××					
		设 计	××	比例		日期		××年××月

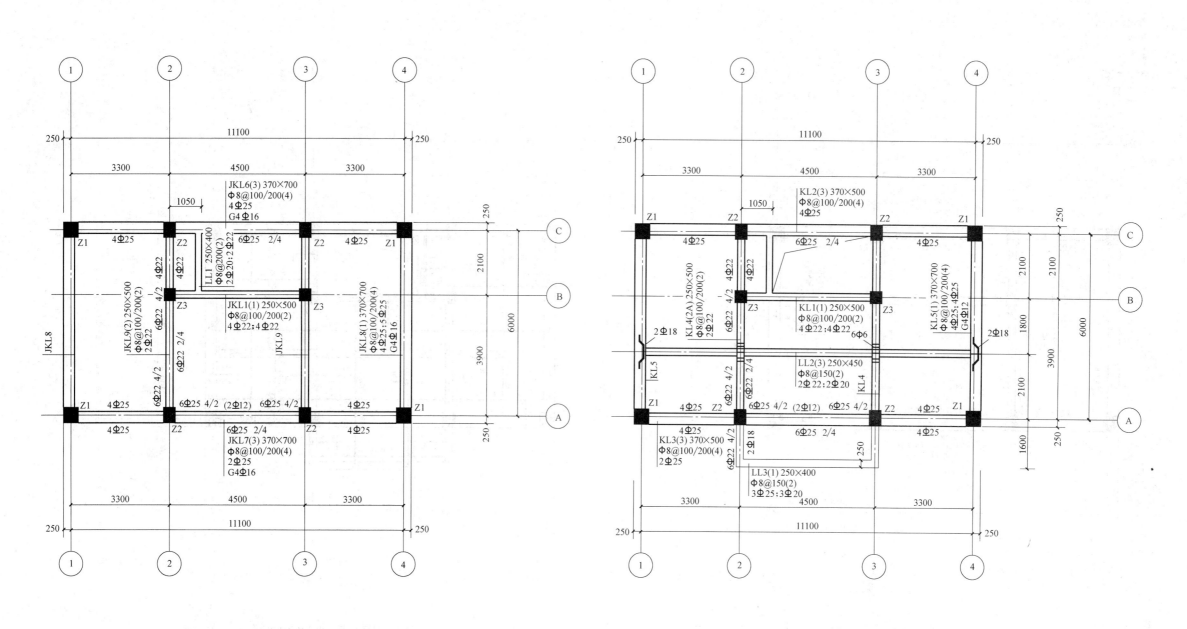

基础梁平面布置图(顶面标高±0.000)

3.600m框架梁配筋图

项目名称	办公楼	项目负责人	××	专业	图号		张数
		审 定	××				
基础梁平面布置图、		审 核	××	结构	G-02		4
3.600m框架梁配筋图		校 对	××				
		设 计	××	比例		日期	××年××月

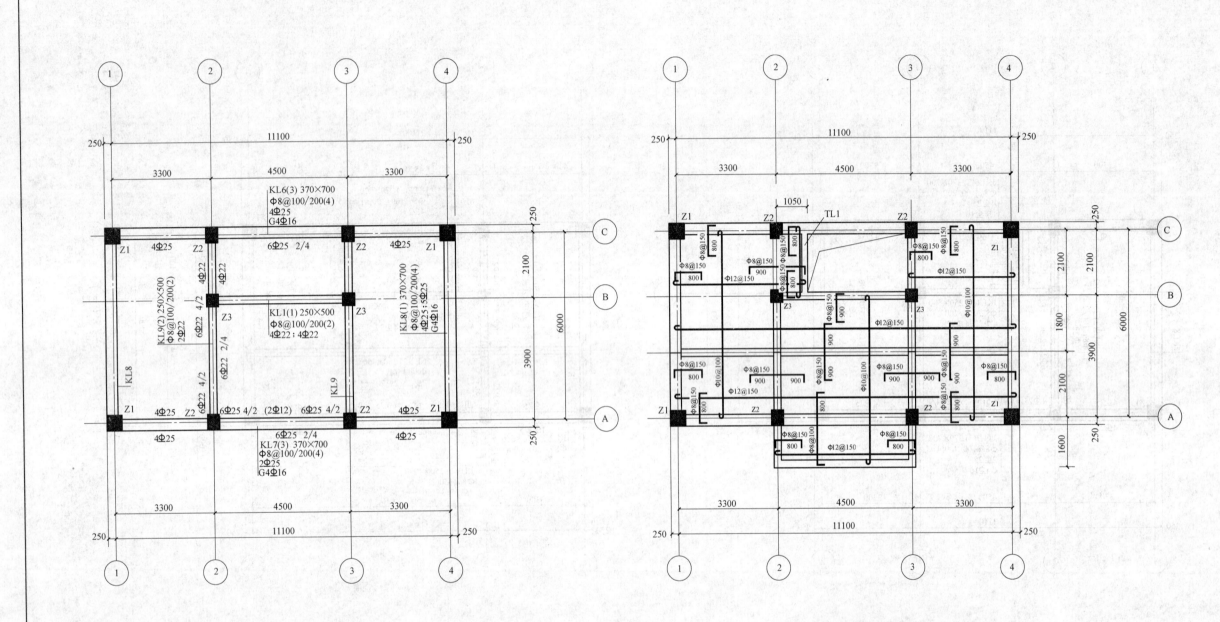

7.200m框架梁配筋图

3.600m楼板配筋图(板厚均为100)

项目名称	办公楼	项目负责人	××	专业		图号		张数
		审 定	××					
3.600m楼板配筋图、		审 核	××	结构		G-03		4
7.200m框架梁配筋图		校 对	××					
		设 计	××	比例		日期	××年××月	

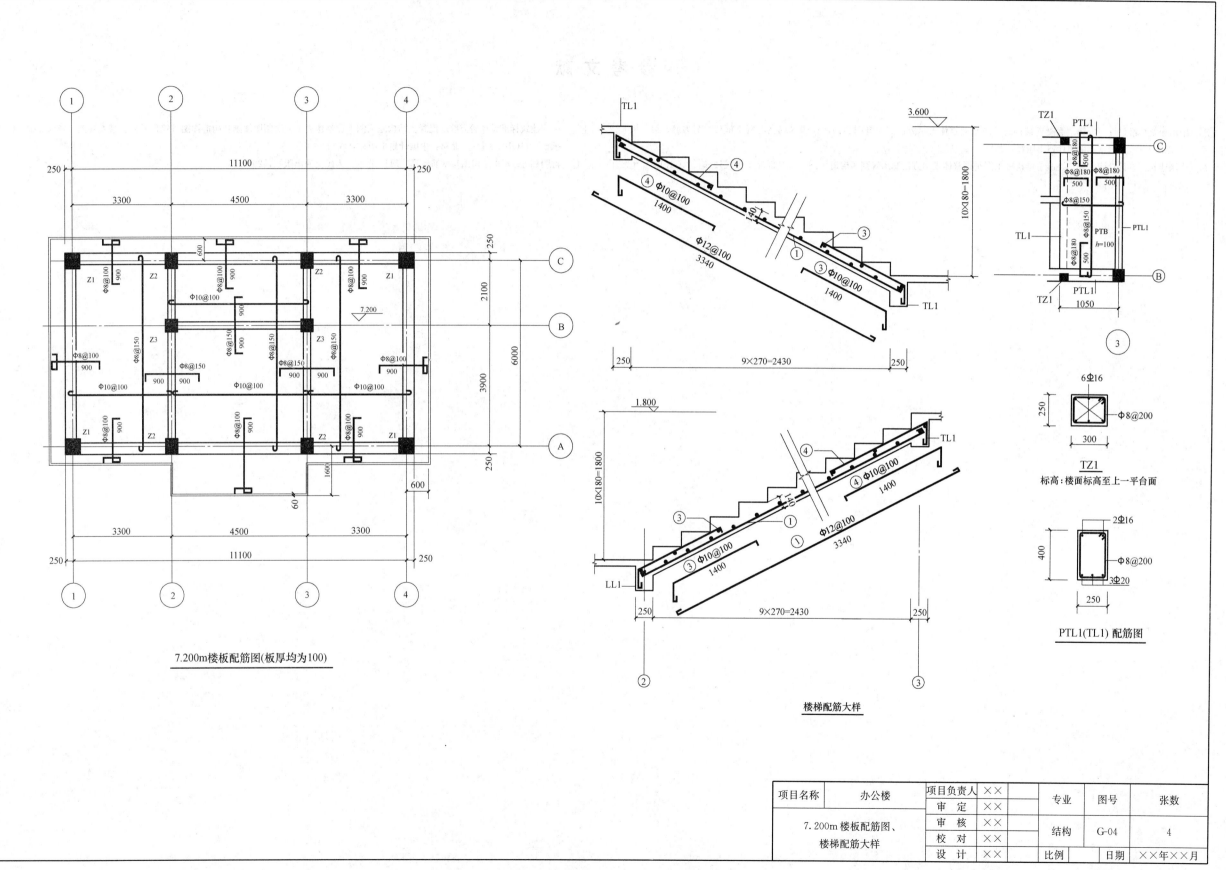

7.200m楼板配筋图(板厚均为100)

楼梯配筋大样

TZ1
标高:楼面标高至上一平台面

PTL1(TL1) 配筋图

项目名称	办公楼	项目负责人	××	专业	图号	张数
		审　定	××			
7.200m 楼板配筋图、楼梯配筋大样		审　核	××	结构	G-04	4
		校　对	××			
		设　计	××	比例	日期	××年××月

99

参 考 文 献

[1] 中国建筑标准设计研究院. 混凝土结构施工图平面整体表示方法制图规则和构造详图（现浇混凝土框架、剪力墙、梁、板）11G101-1 [S]. 北京：中国计划出版社，2011.

[2] 中国建筑标准设计研究院. 混凝土结构施工图平面整体表示方法制图规则和构造详图（现浇混凝土板式楼梯）11G101-2 [S]. 北京：中国计划出版社，2011.

[3] 中国建筑标准设计研究院. 混凝土结构施工图平面整体表示方法制图规则和构造详图（筏形基础、独立基础、条形基础、桩基承台）11G101-3 [S]. 北京：中国计划出版社，2011.

[4] 肖明和等. 新平法识图与钢筋计算 [M]. 北京：人民交通出版社，2012.